통계학 총서 ②

개정판

R과 함께하는 상관 및 회귀분석

배현웅 · 문호석 지음

KYOWOO

머리말

R은 SAS, SPSS, Minitab 등의 기존의 통계 패키지와는 달리 인터넷에서 다운로드받을 수 있는 무료 통계 패키지이기 때문에 구입 및 유지 비용이 전혀 들지 않으면서 또한 세계 각국의 연구자들이 개발한 각종 알고리즘을 제공받을 수 있다는 장점을 가지고 있다. 이에 따라 최근들어 R을 사용하는 사람들이 급증하고 있으며, 대학에서도 R을 이용한 강의가 점차 늘어나고 있는 추세이다.

이 책은 상관 및 회귀분석을 R을 이용하여 쉽고 간편하게 사용할 수 있도록 하기 위하여 쓰여진 책이다. 이 책은 실습 예제를 통하여 R을 쉽게 이해하고 따라할 수 있도록 쓰여졌기 때문에 R을 처음으로 접하는 대학생이나 대학원생, 또는 R을 이용하여 자료를 처리하고 분석하고자 하는 연구원들 모두에게 유용하게 활용될 수 있는 책이라고 생각된다.

이 책은 총 4개의 장으로 구성되어 있다. 1장은 상관분석, 2장부터 4장까지는 회귀분석과 관련된 내용으로서 2장에서는 단순선형회귀분석, 3장에서는 중선형회귀분석, 4장에서는 로지스틱 회귀분석에 대하여 설명을 하고 있다. 따라서 이 책에 포함된 내용을 잘 습득하게 되면 R을 이용하여 상관 및 회귀분석 기법으로 자료를 처리하고 분석하는데 있어 커다란 어려움이 없으리라고 생각된다.

이 책이 나오기까지 많은 격려를 아끼지 않은 분들에 대하여 고마움을 표하고, 출판을 위해 애써주신 교우사 오판근 사장님과 편집부에 감사를 드린다.

저자 씀

차 례

제2장 단순선형회귀분석 / 25

제3장 중선형회귀분석 / 65

제4장 로지스틱 회귀분석 / 137

1장 상관분석

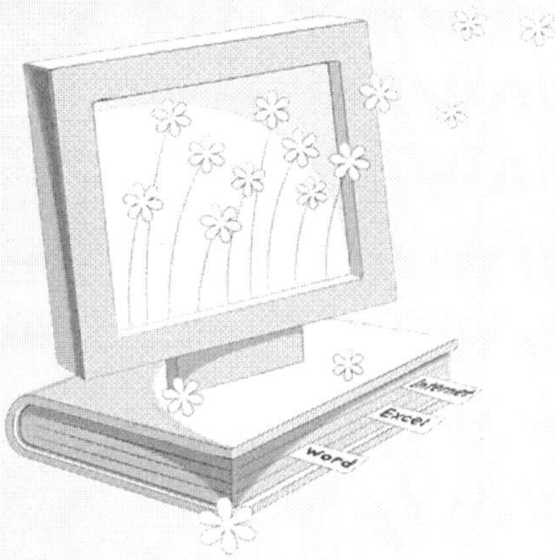

둘 또는 그 이상의 변수들이 서로 관련성을 가지고 변화할 때 그 관계를 분석하는데 사용되는 통계적인 기법으로 상관분석(correlation analysis)과 회귀분석(regression analysis)이 있다. 상관분석은 변수들이 서로 얼마나 밀접하게 직선적인 관계를 가지고 있는지를 분석하는 통계적 기법이며, 회귀분석은 한 변수에 대하여 다른 변수들이 어떻게 관련되어 있는가를 수학적인 모형을 이용하여 설명하고 예측하는 통계적 분석기법이다. 이 장에서는 두 변수간의 관련성을 분석하는 상관분석에 대해서 소개하고자 한다.

1.1 산점도

두 변수 X와 Y 사이의 관련성은 그림을 이용하여 시각적으로 파악할 수 있다. 즉, 평면좌표상의 각 축에 변수를 하나씩 설정한 후 관측값을 좌표상에 표시하면 두 변수간의 관계를 시각적으로 판단할 수 있으며, 이러한 그림을 산점도(scatter plot)라 한다. 산점도는 두 변수가 직선적인 관계 또는 곡선적인 관계를 가지고 있는지, 그리고 그 관련성의 정도가 어떠한지를 개략적으로 판단할 수 있게 해준다.

산점도에서 두 변수가 직선관계를 가지고 있을 경우 관측값들 모두가 정확히 한 직선 위에 놓이게 되는 경우는 거의 없으며, 대부분 직선을 중심으로 흩어져 나타나게 된다. 이때 두 변수의 직선적인 관련성에 대한 정도는 관측값들이 직선을 중심으로 흩어져 있는 상태에 따라 결정된다. 즉 관측값들이 하나의 직선을 중심으로 밀집되어 있다면 '두 변수간의 직선적인 관계는 강하다'는 것을 나타내며, 반면에 직선으로부터 넓게 흩어져 있다면 '두 변수간의 직선적인 관계는 약하다'는 것을 의미하게 된다. 이때 직선의 기울기가 양일 경우 '정비례 관계'를, 반대로 기울기가 음일 경우 '반비례 관계'를 나타낸다.

실습 1.1 적당한 양의 포도주를 마시는 것은 심장마비를 예방하는데 도움이 된다고 알려져 있다. 〈표 1.1〉은 19개국에서 매년 소비되는 1인당 포도주 섭취량(단위 : l)과 심장질환으로 인한 사망자 수(단위 : 10만명)를 조사한 결과이다. 산점도를 작성한 후 포도주가 심장질환을 예방하는데 도움이 된다고 할 수 있는지를 알아보도록 하자.

〈표 1.1〉 국가별 1인당 포도주 섭취량과 심장질환으로 인한 사망자 수

국가	포도주 섭취량	심장질환 사망자 수	국가	포도주 섭취량	심장질환 사망자 수
네덜란드	1.8	167	아이슬란드	0.8	211
노르웨이	0.8	227	아일랜드	0.7	300
뉴질랜드	1.9	266	영국	1.3	285
덴마크	2.9	220	오스트리아	3.9	167
독일	2.7	172	이탈리아	7.9	107
미국	1.2	199	캐나다	2.4	191
벨기에	2.9	131	프랑스	9.1	71
스웨덴	1.6	207	핀란드	0.8	297
스위스	5.8	115	호주	2.5	211
스페인	6.5	86			

(R 코드 : 자료의 입력과 산점도 그리기)

```
>wine = c(1.8,0.8,1.9,2.9,2.7,1.2,2.9,1.6,5.8,6.5,0.8,0.7,1.3,3.9,7.9,2.4,9.1,0.8,2.5)
>heart = c(167,227,266,220,172,199,131,207,115,86,211,300,285,167,107,191,71,297,211)
>plot(wine, heart, main="포도주와 심장질환간의 관계", xlab="포도주 섭취량", ylab="심장
 질환 사망자수")
```

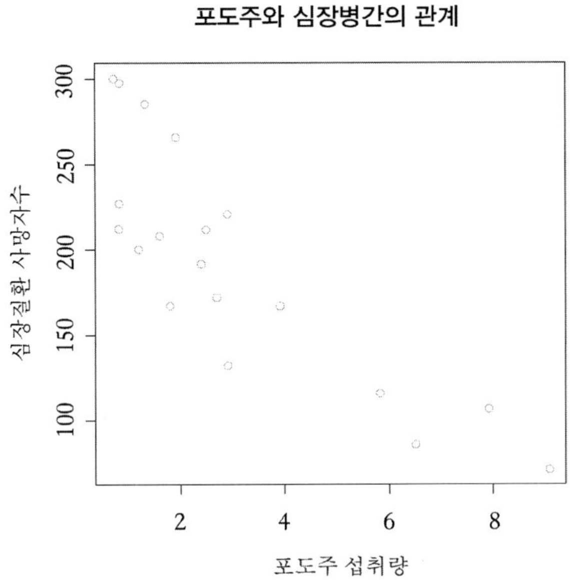

〈그림 1.1〉 포도주 섭취량과 심장질환 사망자 수의 산점도

(R 코드 설명)

○ 포도주의 섭취량과 심장질환 사망자 수에 대한 자료를 각각 wine과 heart라는 이름으로 입력한다.

○ 산점도 작성을 위하여 plot 함수를 사용한다. plot 함수에서는 기본적으로 두 변수의 이름을 입력하며, 필요에 따라 산점도의 제목이라든지 x축과 y축의 이름 등을 출력시키기 위하여 명령어를 추가할 수 있다. 추가로 사용할 수 있는 명령어들은 〈표 1.2〉에 정리되어 있으며 이 명령어들은 plot 함수 뿐 만아니라 그림을 그리기 위해서 사용되는 함수에서도 공통적으로 사용가능하다. 보다 세부적인 사항은 "?plot"을 R 실행창에 입력하여 확인하여 보기 바란다.

〈표 1.2〉 그림 그리기에서 사용되는 명령어

구분	내용	사용 예제
main	제목 출력	main = "그리기 예제"
xlab	x축의 이름 출력	xlab = "학년"
ylab	y축의 이름 출력	ylab = "키"
xlim	x축 값의 출력 범위 지정	xlim = c(1, 10)
ylim	y축의 값의 출력 범위 지정	ylim = c(100, 200)
cex	출력되는 점들의 크기 결정, 기본적으로 cex=1로 되어있음.	cex = 0.5
pch	출력되는 점의 형태를 나타냄. 기본적인 형태는 '○' 임.	pch=19 : ●, pch=20 : •, pch=21 : ○, pch=22 : □, pch=23 : ◇, pch=24 : △, pch=25 : ▽
col	출력되는 점 또는 선의 색깔을 지정해주며 기본색은 검정색임 사용법 : col="색상" 또는 col=숫자	색상으로는 "red", "blue", "green", "yellow" 등이 사용될 수 있으며, 숫자를 입력해도 됨. 예) col = "red" 또는 col = 3
lty	출력되는 선의 형태를 결정, 기본적으로 연속된 선으로 출력	lty = "dashed"는 점선으로 출력함

(결과 해석) 〈그림 1.1〉에서 산점도는 기울기가 음인 직선 형태를 띠고 있다. 따라서 '포도주의 섭취량과 심장질환 사망자 수간에는 음의 직선관계가 존재하고 있다'고 할 수 있다. 즉, 포도주의 섭취량이 많으면 많을수록 심장질환으로 인한 사망률은 점점 줄어들게 된다고 할 수 있다.

※ **주의** : 여기서 포도주의 섭취량과 심장질환으로 인한 사망자 수는 서로 원인관계에 있다는 것을 의미하는 것은 아니다. 그 이유는 포도주의 섭취량이 많다는 것은 그만큼 소득이 높다는 것을 나타내고, 소득이 높으면 그만큼 의학적인 치료를 많이 받게 되므로 이러한 것이 심장질환으로 인한 사망률을 줄이는 하나의 요인이 될 수도 있기 때문이다. ❖

1.2 상관계수

산점도를 이용하면 두 변수간의 직선적인 관계를 개략적으로 파악할 수는 있지만, 두 변수 사이의 관계를 보다 정확히 숫자로 나타낼 수는 없다. 두 변수 X와 Y 사이의 관련성의 정도를 숫자로 표현하기 위한 측도로서 상관계수(correlation coefficient)가 사용된다. 상관계수는 그 값이 모집단 전체 자료로부터 계산되었을 경우 모상관계수(population correlation coefficient)라 하며, ρ로 표기한다.

[모상관계수 ρ]

$$\rho = \frac{E[(X-\mu_X)(Y-\mu_Y)]}{\sqrt{E(X-\mu_X)^2 E(Y-\mu_Y)^2}} = \frac{\sigma_{XY}}{\sigma_X \sigma_Y}$$

여기서 σ_{XY}는 공분산, σ_X와 σ_Y는 각각 변수 X, Y의 표준편차를 나타냄.

상관계수의 값은 항상 −1과 +1 사이에 있다. 특히 그 값이 −1 또는 +1인 경우, 관측값들은 모두 기울기가 양 또는 음인 하나의 직선 위에 정확히 놓여있게 된다. 그리고 상관계수의 값이 −1 또는 +1에 가까울수록 관측값들은 어떤 직선 주위에 밀집되어 있다는 것을 나타내며, 이것은 두 변수 사이에는 완전하지는 않지만 강한 직선관계를 가지고 있다는 것을 뜻한다. 반면에, 상관계수의 값이 0에 가까울수록 두 변수 사이에는 직선적인 관계가 약함을 의미한다.

〈그림 1.2〉는 여러 가지 ρ값에 대한 산점도를 보여주고 있다. 〈그림 1.2〉에서 (f)는 특

이한 경우로써 두 변수 사이에 곡선관계가 뚜렷함에도 불구하고 상관계수의 값은 0으로 나타나는 경우를 보여주고 있다. 이러한 경우에는 직선적인 관련성의 정도를 표시하는 상관계수만으로 두 변수간에는 관계가 없다고 단정짓는 것은 잘못이므로 해석을 하는데 있어서 주의를 기울여야 한다.

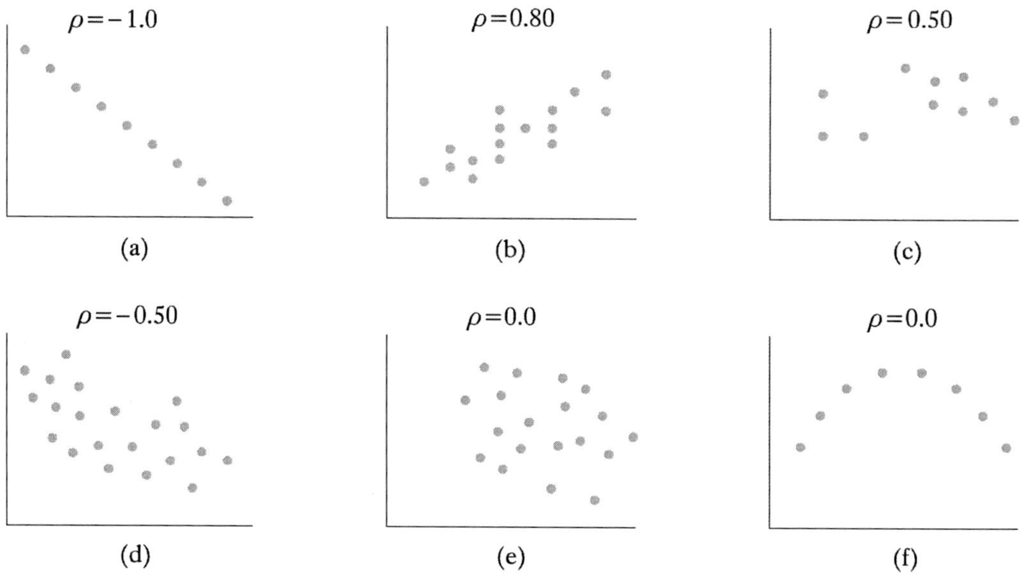

〈그림 1.2〉 여러 가지 ρ값에 대한 산점도

일반적으로 모집단 전체를 조사한다는 것은 현실적으로 불가능하거나 또는 시간, 경비가 많이 들기 때문에 모집단으로부터 표본을 추출하게 되고, 추출된 표본을 이용하여 모집단의 모수를 추정하게 된다. 이때 모집단의 일부분인 표본으로부터 계산된 상관계수를 표본상관계수(sample correlation coefficient : 표기 r)라 하며, 다음 공식을 이용하여 계산한다.

[표본상관계수]

관측값을 $(x_1, y_1), (x_2, y_2), \cdots, (x_n, y_n)$이라 할때,

$$r = \frac{\sum_{i=1}^{n}(x_i - \bar{x})(y_i - \bar{y})}{\sqrt{\sum_{i=1}^{n}(x_i - \bar{x})^2 \sum_{i=1}^{n}(y_i - \bar{y})^2}} = \frac{s_{xy}}{s_x s_y} \qquad (1)$$

여기서 s_{xy} 는 표본공분산, s_x, s_y 는 각각 변수 X와 Y의 표본표준편차임

• 표본상관계수 r의 특성 •

(1) 두 변수 모두 양적변수이어야 한다.

(2) 측정 단위를 바꾸더라도 r값은 변하지 않는다.

(2) r의 값은 항상 −1과 +1사이에 있으며, 0에 가까울수록 직선적인 관계가 약하다는 것을, −1 또는 +1에 가까울수록 직선적인 관계가 강하다는 것을 나타내고, −1 또는 +1이라는 것은 모든 점들이 하나의 직선위에 놓이게 됨을 의미한다.

(4) r은 두 변수간의 직선적인 관련성에 대한 정도만을 측정한다. 따라서 두 변수가 곡선관계를 가지고 있을 경우에는 r로서 설명할 수 없다.

(5) r은 몇 개의 특이값에 의하여 민감하게 반응한다. 따라서 특이값이 존재할 경우 r을 사용함에 있어 주의를 기울여야 한다.

실습 1.2 H자동차회사에서는 새로 출시된 2,000cc 승용차의 경제적인 속도를 측정하기 위하여 100km를 속도(단위 : km/h)를 달리하여 주행한 후 소모된 연료량(단위 : l/100km)을 측정하였다. 〈표 1.3〉에 주어진 자료를 이용하여 소모 연소량과 속도간의 관련성에 대하여 알아보도록 하자.

〈표 1.3〉 속도별 소모 연료량

속도	소모 연료량	속도	소모 연료량	속도	소모 연료량
10	21.00	60	5.90	110	9.03
20	13.00	70	6.30	120	9.87
30	10.00	80	6.95	130	10.79
40	8.00	90	7.57	140	11.77
50	7.00	100	8.27	150	12.83

(R 코드 : 자료의 입력 및 산점도, 상관계수의 출력)

```
> x = c(10,20,30,40,50,60,70,80,90,100,110,120,130,140,150)
> y = c(21.00 ,13.00, 10.00, 8.00, 7.00, 5.90, 6.30, 6.95, 7.57, 8.27, 9.03, 9.87,
     10.79, 11.77, 12.83)
> plot(x, y, main="속도와 소모 연료량간의 관계", xlab="속도", ylab="소모 연료량")
> cor(x, y)          # R에서 제공하는 함수
  [1] -0.1716216
```

(R 코드 설명)

- 속도와 소모 연료량에 대한 자료를 각각 x와 y라는 이름으로 입력한 후 plot 함수를 이용하여 산점도를 그린다.
- 상관계수를 출력하기 위해서 cor 함수가 사용되며, 그 사용 형식은 cor(변수1, 변수2)이다.

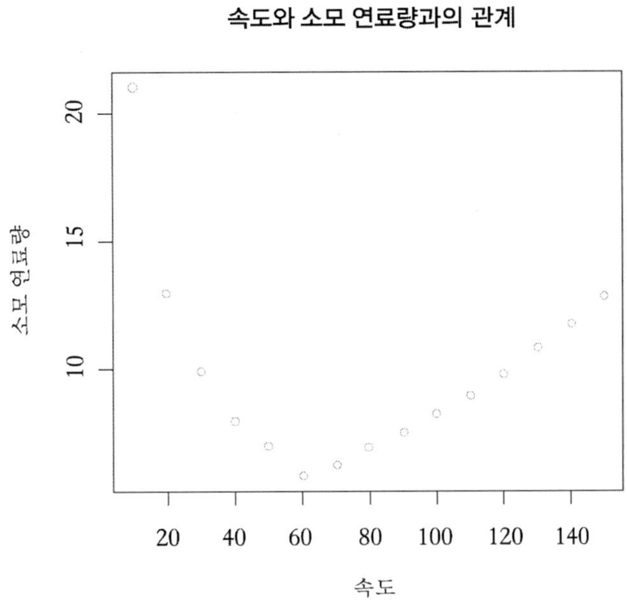

〈그림 1.3〉 속도와 소모 연료량의 산점도

(결과 해석) 〈그림 1.3〉에서 관측된 값들은 직선이 아니라 곡선 형태를 이루고 있다. 즉, 소모 연료량은 속도가 증가하면서 계속 감소하는 것이 아니라 어느 속도까지는 감소하다 그 속도가 넘으면 소모 연료량은 오히려 증가하게 된다는 사실을 보여주고 있다. 산점도로부터 승용차의 경제속도는 약 60km/h라고 할 수 있다.

여기서 두 변수간에 곡선(포물선) 관계를 가지고 있을 때 상관계수의 값은 거의 0 $(r=-0.1716)$에 가깝게 된다는 사실을 확인할 수 있다. ❖

(R 코드 : 상관계수를 출력하기 위한 사용자 함수)

```
> correlation = function(x, y)
+ {
+ matx = matrix(x, ncol=1)
+ maty = matrix(y, ncol=1)
+ Sxy = t(x-mean(x))%*%(y-mean(y))
+ Sx = t(x-mean(x))%*%(x-mean(x))
+ Sy = t(y-mean(y))%*%(y-mean(y))
+ result = Sxy / sqrt(Sx*Sy)
+ result = as.numeric(result)
+ return(result)
+ }
> correlation(x, y) # 사용자 함수
[1] -0.1716216
```

(R 코드 설명)

○ R에서 제공하는 함수를 사용하지 않고 사용자가 필요에 의해 직접 프로그램하여 만든 함수를 사용자 함수라 한다. 사용자 함수를 만드는 형식은 다음과 같다.

```
함수명=function(자료명){
        수행과정 …
 return(변수)
 }
```

여기서 함수명은 만들고자 하는 함수의 이름을, 자료명은 입력되어 있는 자료의 이름을, 수행과정은 입력된 자료값이 사용자의 요구조건에 맞도록 수행되기 위한 프로그램을, return 함수는 수행과정을 거친 결과가 저장되는 변수의 이름을 지정하기 위해서 사용된다. 그리고 수행과정이 시작되기 전과 return 함수 뒤에는 반드시 중괄

호 { }로 묶어 주어야 한다. 표본상관계수 계산 공식 (1)을 이용하여 작성된 사용자 함수가 바로 correlation이다.

○ 사용자 함수 correlation에서 $matx$, $maty$는 x와 y를 행렬형태로 바꾼 값이며, Sxy는 $x'y$ 즉, $\sum(x-\overline{x})(y-\overline{y})$를, Sx는 $x'x$ 즉, $\sum(x-\overline{x})^2$를 Sy는 $y'y$ 즉, $\sum(y-\overline{y})^2$을 각각 나타낸다.

1.3 상관계수의 검정

두 변수 X와 Y 사이에 직선적인 관계가 존재한다고 할 수 있는지의 여부를 판단하기 위해서 표본상관계수 r을 이용한다. 표본상관계수 r과 관련된 통계량

$$T^* = \frac{r}{\sqrt{V(r)}}$$

$$= r\sqrt{\frac{n-2}{1-r^2}}$$

는 귀무가설 $H_0 : \rho = 0$가 성립한다는 가정하에서 자유도 $n-2$인 t 분포를 따르는 것으로 알려져 있으며, 이를 이용하여 모상관계수 ρ에 대한 검정이 이루어진다.

[모상관계수 ρ의 검정]

- 검정통계량: $T^* = r\sqrt{\dfrac{n-2}{1-r^2}}$
- 관측된 검정통계량의 값을 t^*라고 할 때 대립가설의 형태에 따른 $P-$값의 계산

① 우측검정: $H_0 : \rho = 0, \quad H_1 : \rho > 0 \qquad P-$값$= P(T^* \geq t^*)$

② 좌측검정: $H_0 : \rho = 0, \quad H_1 : \rho < 0 \qquad P-$값$= P(T^* \leq t^*)$

③ 양측검정: $H_0 : \rho = 0, \quad H_1 : \rho \neq 0 \qquad P-$값$= P(|T^*| \geq t^*)$

실습 1.3 어느 대학교에서는 대학수학능력시험의 수리탐구 I 과 대학수학간의 관련성을 조사하기 위하여 10명의 학생을 랜덤으로 추출하여 〈표 1.4〉와 같은 자료를 얻었다. 수리탐구 I 의 점수와 미적분학 점수 사이에 상관관계가 존재하는지의 여부를 유의수준 $\alpha = 0.05$로 검정해 보도록 하자.

〈표 1.4〉 수리탐구 I 과 미적분학 점수

학 생	수리탐구 I 점수	미적분학 점수
1	39	65
2	43	78
3	21	52
4	64	82
5	57	92
6	47	89
7	28	73
8	75	98
9	34	56
10	52	75

(R 코드 : 자료의 입력과 상관계수의 검정)

```
> math = c(39, 43, 21, 64, 57, 47, 28, 75, 34, 52)
> calculus = c(65, 78, 52, 82, 92, 89, 73, 98, 56, 75)
> cor.test(math, calculus)
        Pearson's product-moment correlation
    data:  math and calculus
    t = 4.375, df = 8, p-value = 0.002365
    alternative hypothesis: true correlation is not equal to 0
    95 percent confidence interval:
    0.4459632 0.9611846
    sample estimates:
      cor
    0.8397859
```

(R 코드 설명)

- 수리탐구 1과 미적분학 점수를 각각 math와 calculus라는 이름으로 입력한다.
- 모상관계수 ρ에 대한 검정을 위해서 cor.test 함수가 사용되며, 그 사용 형식은 cor(변수1, 변수2)이다. cor.test 함수는 검정통계량의 값(t), $P-$값($p-$value), 95% 신뢰구간(95 percent confidence interval), 표본상관계수(cor) 등을 출력해준다.

(결과 해석) 검정통계량의 값은 4.375이고, 이때의 $P-$값은 0.0023이다. 따라서 $P-$값 $=0.0023 < \alpha = 0.05$이므로 귀무가설 H_0 : $\rho = 0$은 기각된다. 즉, '수리탐구 1과 미적분학 간의 상관계수는 0.8397로 비교적 강한 양의 상관관계를 가지고 있다'고 할 수 있다.

❖

1.4 특수한 형태의 상관계수

앞에서 설명된 상관계수는 피어슨(K. Pearson)에 의하여 정의된 상관계수이다. 피어슨의 상관계수는 두 변수가 모두 연속형일 때 두 변수간의 직선적인 관련 정도를 분석하기 위하여 사용된다. 그러나 변수값이 서열을 나타낼 경우에는 스피어만(Spearman) 또는 켄달(Kendall)의 순위상관계수(rank correlation coefficient)를 사용한다.

1.4.1 스피어만 순위상관계수

스피어만의 순위상관계수는 두 관측값들의 순위가 a_i, b_i, $i=1, 2, \cdots, n$ 일 때 다음 공식을 이용하여 계산한다.

[스피어만의 순위상관계수]

$$r_s = 1 - \frac{6\sum_{i=1}^{n}(a_i - b_i)^2}{n^3 - n}$$

'두 순위간에는 상관관계가 없다'는 귀무가설 H_0: $\rho = 0$ 을 검정하기 위한 통계량으로는

$$T_0 = r_s \sqrt{\frac{n-2}{1-r_s^2}}$$

가 사용되며, 이때 검정통계량 T_0 는 표본의 크기 $n \geq 10$일 때 자유도 $n-2$ 인 t 분포

를 근사적으로 따른다.

[모상관계수 ρ의 검정]

- 검정통계량 : $T_0 = r_s \sqrt{\dfrac{n-2}{1-r_s^2}}$
- 관측된 검정통계량의 값을 t_0라고 할 때 대립가설의 형태에 따른 $P-$값의 계산

  ① 우측검정 : $H_0 : \rho = 0,\quad H_1 : \rho > 0 \qquad P-\text{값} = P(T_0 \geq t_0)$

  ② 좌측검정 : $H_0 : \rho = 0,\quad H_1 : \rho < 0 \qquad P-\text{값} = P(T_0 \leq t_0)$

  ③ 양측검정 : $H_0 : \rho = 0,\quad H_1 : \rho \neq 0 \qquad P-\text{값} = P(|T_0| \geq t_0)$

실습 1.4 서울 국제 테니스대회에 참가한 8개국에 대하여 운영위원 및 스포츠 담당 기자들이 전력을 평가한 결과는 〈표 1.5〉와 같다. 스피어만의 순위상관계수 r_s 를 계산한 후, 운영위원 및 스포츠 담당기자들이 평가한 순위간에 상관관계가 있다고 할 수 있는지의 여부를 유의수준 $\alpha = 0.05$ 로 검정해 보도록 하자.

〈표 1.5〉 국가별 순위 평가 결과

참가팀	A	B	C	D	E	F	G	H
운영위원 순위	1	2	3	4	5	6	7	8
기자 순위	1	3	4	2	6	5	8	7

(R 코드 : 자료의 입력, 스피어만의 상관계수 계산과 검정)

```
> x = 1:8
> y = c(1, 3, 4, 2, 6, 5, 8, 7)
> cor(x, y, method="spearman")
[1] 0.8809524
> cor.test(x, y, method="spearman")
          Spearman's rank correlation rho
    data: x and y
    S = 10, p-value = 0.007242
    alternative hypothesis: true rho is not equal to 0
    sample estimates:
        rho
    0.8809524
```

(R 코드 설명)

- x=1:8은 x가 1부터 8까지의 정수값을 가지는 변수 즉, x=c(1, 2, 3, 4, 5, 6, 7, 8)과 동일하다.
- cor 함수 사용시 cor(변수1, 변수2)와 같이 입력하면 피어슨의 상관계수를 출력해 주지만, method="spearman"을 추가로 지정해주게 되면 스피어만 순위상관계수를 출력해 준다.
- cor.test 함수에서도 인자 method="spearman"을 추가해 주면 스피어만 순위상관계수에 대한 검정 결과를 출력해 준다.

(결과 해석) 스피어만의 순위상관계수는 0.8809로서 운영위원과 담당기자들의 각 팀에 대한 순위평가 사이에는 비교적 높은 양의 상관관계가 존재한다는 것을 나타내고 있다. 검정 결과 $P-$값은 0.007242로 주어진 유의수준 $\alpha = 0.05$보다 작으므로 귀무가설은 기

각되어 '운영위원과 담당기자들이 8개국 각 팀에 매긴 순위간에는 상관관계가 존재한다'고 할 수 있다. 검정 결과에서 S=10은 (두 순위차)^{2}에 대한 합 즉 S=$\sum(a_i-b_i)^2$=10이라는 것을 의미한다.

1.4.2 켄달 순위상관계수

켄달(Kendall)의 순위상관계수는 한 순위를 다른 순위와 비교할 때 순위가 바뀌어진 개수에 기초를 둔 상관계수로서 다음 공식을 이용하여 계산한다.

[켄달의 순위상관계수]

$$\tau = \frac{S}{n(n-1)/2}$$

여기서 S는 순위에 있어서 그 순서가 얼마나 일관성 있게 나타나는지를 나타내는 측도로써 다음과 같이 계산한다. 예를 들어, 〈실습 1.4〉에서 아래와 같이 운영위원 순위(X)를 순서대로 나열하고 이를 기준으로 기자 순위(Y)를 배열하였을 때, 기자 순위 Y는 순위에서 순서가 바뀌어 나타나고 있음을 알 수 있다.

운영위원 순위(X) :	1	2	3	4	5	6	7	8
기자 순위(Y) :	1	3	4	2	6	5	8	7

S의 값은 바로 이러한 Y 순위의 비일관성에 근거를 두고 계산되어진다. 즉, Y의 모

든 순위에 대하여 처음부터 차례대로 하나하나씩 뒤에 이어져 나오는 다른 순위들과 차례로 비교하여 그 순위가 서열 순서로 되어 있는 경우에는 +1을, 순서가 역으로 되어 있는 경우에는 −1을 부여한 후, 이 값들을 전부 합한 값이 바로 S인 것이다. 〈실습 1.4〉에서

$Y=1$을 기준으로 할 때	+1, +1, +1, +1, +1, +1, +1
$Y=3$을 기준으로 할 때	+1, −1, +1, +1, +1, +1
$Y=4$을 기준으로 할 때	−1, +1, +1, +1, +1
$Y=2$을 기준으로 할 때	+1, +1, +1, +1
$Y=6$을 기준으로 할 때	−1, +1, +1
$Y=5$을 기준으로 할 때	+1, +1
$Y=8$을 기준으로 할 때	−1

이 되며, 따라서 $S=1+1+\cdots-1=20$과 같이 계산되는 것이다.

n개의 순위에 대한 비교에서 S가 취할 수 있는 최대값은 $n(n-1)/2$로서, 이것은 비교 가능한 총수와 동일하게 된다. 즉, 켄달의 순위상관계수는 최대로 기대되는 S값에 대한 실제 얻어진 S값의 비를 의미하게 되는 것이다. 따라서 두 변수의 순위가 서로 역순으로 되어 있는 경우에는 $\tau=-1.0$이 되고, 순위가 완전히 일치되는 경우에는 $\tau=1.0$이 된다. 〈실습 1.4〉의 경우 $S=20$, $n=8$이므로

$$\tau=\frac{20}{8\cdot(8-1)/2}=0.7143$$

이 된다.

켄달의 순위상관계수 τ를 계산하는데 있어서 중복순위가 있을 경우에는 관계된 순위의

평균순위를 계산하여 할당한다.

'두 순위간에는 상관관계가 없다'는 귀무가설 H_0: $\rho=0$ 을 검정하기 위한 검정통계량으로는

$$Z=\frac{(S\pm1)}{\sqrt{n(n-1)(2n+5)/18}}$$

가 사용되며, Z는 표본의 크기가 $n>10$ 일 때 근사적으로 표준정규분포 $N(0, 1)$을 따르게 된다. 검정통계량 Z의 계산시 비연속성을 교정하기 위해서 계산된 S의 값이 '−'인 경우에는 $+1$을, 계산된 S의 값이 '+'인 경우에는 -1을 더하여 준다.

[모상관계수 ρ의 검정]

- 검정통계량 : $Z=\frac{(S\pm1)}{\sqrt{n(n-1)(2n+5)/18}}$
- 관측된 검정통계량의 값을 z라고 할 때 대립가설의 형태에 따른 P−값의 계산
  ① 우측검정 : $H_0: \rho=0$, $H_1: \rho>0$ P−값 $=P(Z\geq z)$
  ② 좌측검정 : $H_0: \rho=0$, $H_1: \rho<0$ P−값 $=P(Z\leq z)$
  ③ 양측검정 : $H_0: \rho=0$, $H_1: \rho\neq0$ P−값 $=P(|Z|\geq z)$

실습 1.5 서울 국제 테니스대회의 자료를 이용하여 켄달의 순위상관계수를 구하고, 상관관계가 존재하는지에 대해서 유의수준 $\alpha=0.05$로 검정해 보도록 하자.

(R 코드 : 켄달의 상관계수 계산과 검정)

```
> x = 1:8
> y = c(1,3,4,2,6,5,8,7)
> cor(x,y, method="kendal")
  [1] 0.7142857
> cor.test(x,y, method="kendal", exact = FALSE)
        Kendall's rank correlation tau
data:  x and y
z = 2.4744, p-value = 0.01335
alternative hypothesis: true tau is greater than 0
sample estimates:
      tau
0.7142857
```

(R 코드 설명)

- cor 함수에서 인자 method="kendal"을 추가로 입력해주게 되면 켄달의 순위상관계수를 출력해 준다.
- cor.test 함수에서도 인자 method="kendal"를 추가하면 켄달의 순위상관계수에 대한 검정 결과를 출력해 준다. 여기서 인자 exact = FALSE는 검정통계량이 근사적으로 표준정규분포를 따른다는 것을 나타내기 위하여 사용되었다.

(결과 해석) 켄달의 순위상관계수는 0.7142로서 운영위원과 담당기자들의 각 팀에 대한 순위평가 사이에는 비교적 높은 양의 상관관계가 존재한다는 것을 나타내고 있다. 검정 결과에서 검정통계량의 값은 2.4744이고, 이때의 P-값은 0.0133으로 유의수준 $\alpha = 0.05$보다 작으므로 귀무가설은 기각되어 앞에서와 동일한 결과를 얻게 된다. ❖

연습문제

① 농작물 실험에서 생산량이 수확 시기에 따라 어떻게 변화하는지에 대한 연구에서 아래와 같은 결과를 얻었다고 한다. 이때 산점도를 그리고, 상관계수를 구하여라. 여기서 x는 꽃이 피어 수확할 때까지의 기간(단위 : 일), y는 쌀의 수확량(단위 : 헥타르당 kg)을 각각 나타낸다.

x	y	x	y	x	y	x	y
16	2508	24	3057	32	3823	40	3517
18	2518	26	3190	34	3646	42	3214
20	3304	28	3500	36	3708	44	3103
22	3423	30	3883	38	3333	46	2776

② 나이가 40대 이상인 집단에서 랜덤으로 추출된 10명을 대상으로 아버지와 아들의 키를 조사한 결과 다음과 같은 자료를 얻었다. 산점도를 그리고, 아버지와 아들의 키 사이에 상관관계가 존재하는지의 여부를 유의수준 $\alpha = 0.05$로 검정하여라.

아버지의 키	165	163	167	172	170	168	177	169	173	160
아들의 키	168	166	168	170	177	170	175	178	170	165

③ 각성제의 사용량과 각성제를 투여 받은 실험자가 청각신호에 반응하는데 걸리는 시간 사이의 관계를 연구하는 실험에서 다음과 같은 자료를 얻었다. 각성제의 사용량과 반응시간 사이에 관계가 있는지 없는지를 유의수준 $\alpha = 0.10$ 로 검정하여라.

사용량(mg)	1	3	4	7	9	12	13	14
반응시간(초)	2.5	2.4	2.1	2.3	1.2	2.2	2.6	4.2

④ 어느 고등학교에서 랜덤으로 추출된 10명의 학생들에 대한 수학과 물리성적이 다음과 같다. 수학과 물리 성적 사이에 관련성이 있는지를 유의수준 $\alpha = 0.05$ 로 검정하여라.

수 학	66	64	48	46	78	60	90	50	66	70
물 리	70	62	55	48	80	64	85	52	60	72

⑤ 국내 프로야구 8개 구단에 대한 년초에 실시한 팬들의 예상 순위와 실제 결과에 관한 자료가 아래와 같았다고 할 때 예상 순위와 실제 결과간에 관련성이 있다고 할 수 있는지를 유의수준 $\alpha = 0.05$ 에서 검정해 보아라.

	기아	두산	SK	삼성	롯데	히어로즈	LG	한화
예상 순위	6	2	1	3	4	8	5	7
실제 결과	1	2	3	4	5	6	7	8

2장
단순선형회귀분석

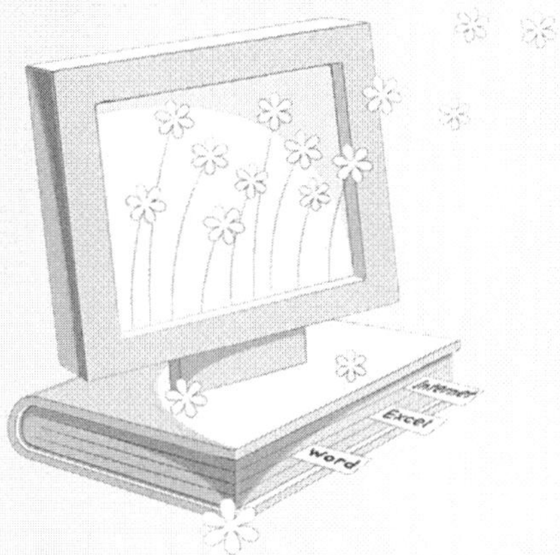

회귀분석은 독립변수(또는 설명변수)라고 불리는 한 개 또는 그 이상의 변수들에 대하여 종속변수(또는 반응변수)라고 불리는 다른 한 변수 사이의 관계를 수학적인 모형을 이용하여 규명하고, 이 규명된 함수식을 이용하여 독립변수들의 변화로부터 종속변수의 변화를 예측하고자 할 경우에 사용되는 통계적 분석기법이다.

일반적으로 회귀분석은 독립변수와 종속변수가 각각 한 개일 때의 관계를 분석하는 단순선형회귀분석(simple linear regression analysis)과 종속변수는 한 개이면서 독립변수가 두 개 이상일 때의 관계를 분석하는 중선형회귀분석(multiple linear regression analysis)으로 나누어진다. 여기서 선형(linear)이란 알려져 있지 않은 모집단의 회귀계수에 대해서 직선형태 즉, 일차함수 모형이란 의미이다. 선형회귀모형은 독립변수의 개수 또는 차수에 따라 〈표 2.1〉과 같이 구분된다.

〈표 2.1〉 선형회귀모형의 구분

종 류	구 분
단순선형회귀모형	독립변수가 1개이며, 종속변수와의 관계가 직선인 모형 예) $Y= \beta_0 + \beta_1 X + \epsilon$
중선형회귀모형	독립변수가 k 개이며, 종속변수와의 관계가 직선인 모형 예) $Y= \beta_0 + \beta_1 X_1 + \cdots + \beta_k X_k + \epsilon$
곡선회귀모형	독립변수가 1개이며, 종속변수와의 관계가 곡선인 모형 예) $Y= \beta_0 + \beta_1 X + \beta_2 X^2 + \beta_3 X^3 + \epsilon$
다항회귀모형	독립변수가 k 개이며, 종속변수와의 관계가 일차함수 이상인 모형 예) $Y= \beta_0 + \beta_1 X_1 + \beta_2 X_2 + \beta_3 X_1^2 + \beta_4 X_2^2 + \beta_5 X_1 X_2 + \epsilon$

2.1 단순선형회귀모형

단순선형회귀분석은 독립변수가 한 개이면서 종속변수와의 관계를 직선으로 가정하여 이루어지는 분석으로써, 그 수학적 모형은 다음과 같다[1].

$$y_i = \beta_0 + \beta_1 x_i + \epsilon_i, \qquad i = 1,\ 2,\ \cdots,\ n \tag{1}$$

여기서 y_i는 i번째 관측된 종속변수의 값, β_0와 β_1은 모집단에 대한 회귀식의 절편과 기울기, x_i는 i번째 관측된 독립변수의 값, ϵ_i는 i번째 관측된 오차를 각각 나타낸다.

2.2 기본 가정

두 변수 X와 Y간에 단순선형회귀모형을 적합시킬 경우에는 몇 가지 가정을 기본 전제로 하고 있다. 즉, 독립변수 X는 오차 없이 측정할 수 있는 변수이며, 종속변수 Y는 측정 시 발생되거나 또는 여러 요인에 의하여 발생되는 측정이 불가능한 각종 오차를 포함하는 것으로 가정한다. 회귀분석에서는 측정이 불가능한 이러한 오차를 ϵ_i로 표기하며, 오차 ϵ_i에 대해 다음과 같은 몇 가지 가정을 기본 전제로 하고 있다.

---

1) 회귀분석에서는 독립변수와 종속변수 사이의 관계를 나타내기 위하여 일차함수를 많이 사용하는데, 그 이유는 일차함수가 수학적으로 간단할 뿐만 아니라 비직선적인 함수관계도 변수변환을 통하여 직선 형태로 바꿀 수 있기 때문이다.

[기본 가정]

① 오차 ϵ_i는 고정된 모든 x_i값에서 $N(0,\ \sigma^2)$을 따른다.

② 서로 다른 두 개의 오차 ϵ_i, ϵ_j(단 $i \neq j$)는 서로 독립이다.

③ 오차 ϵ_i는 x_i값과는 독립이다.

식 (1)에서 첨자 i를 뺀 종속변수 Y에 대한 일반적인 모형은 다음과 같으며,

$$Y = \beta_0 + \beta_1 X + \epsilon$$

이때 Y의 기대값은 $E(Y) = \beta_0 + \beta_1 X$로 표현된다. 따라서 오차항 ϵ의 분산을 σ^2이라 하면 확률변수 Y는 다음과 같은 분포를 따르게 된다.

$$Y \sim N(\beta_0 + \beta_1 X,\ \sigma^2)$$

이러한 관계를 그림으로 나타낸 것이 〈그림 2.1〉이다.

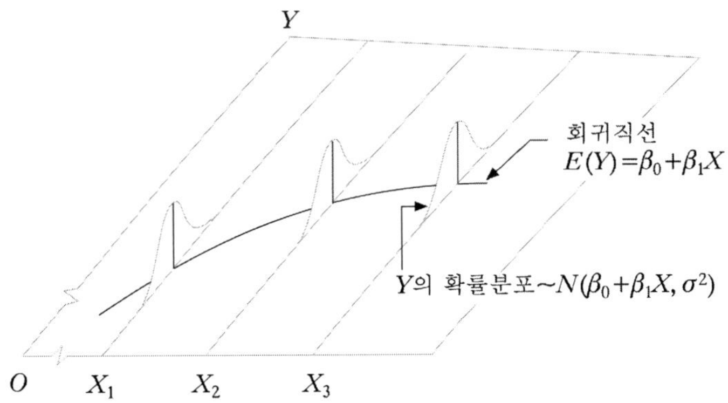

〈그림 2.1〉 단순선형회귀모형

2.3 회귀식의 추정

두 변수 X와 Y의 관계를 단순선형회귀모형으로 설정하였다면, 이 모형에 적합한 회귀식을 구하기 위해 관측된 값으로부터 회귀계수 β_0와 β_1의 값을 추정하여야 한다. 이때 일반적으로 많이 사용되는 방법이 최소제곱법(method of least squares)이다. 최소제곱법은 오차 ϵ_i 즉, 관측값 y_i와 이의 기대값 $\beta_0+\beta_1 x_i$간의 차이를 최소로 하는 β_0와 β_1의 추정법을 말한다. 그러나 오차들의 합 $\sum\epsilon_i$는 항상 0이 되므로 최소제곱법에서는 오차들을 제곱하여 합한 $\sum\epsilon_i^2$을 최소로 하는 β_0와 β_1을 추정하게 된다.

[최소제곱법]

$Q=\sum_{i=1}^{n}\epsilon_i^2=\sum_{i=1}^{n}(y_i-\beta_0-\beta_1 x_i)^2$을 최소로 하는 β_0와 β_1을 추정하는 방법

최소제곱법에 의한 β_0와 β_1의 추정은 $\sum(y_i-\beta_0-\beta_1 x_i)^2$을 β_0와 β_1에 대하여 각각 편미분하여 0으로 놓은 정규 방정식(normal equation)

$$\frac{\partial Q}{\partial\beta_0}=-2\sum(y_i-\beta_0-\beta_1 x_i)=0 \qquad \frac{\partial Q}{\partial\beta_1}=-2\sum x_i(y_i-\beta_0-\beta_1 x_i)=0$$

으로부터 구할 수 있으며, 이로부터 계산된 β_0와 β_1의 추정량 b_0와 b_1은 각각 다음과 같다.

$$b_1=\frac{\sum(x_i-\bar{x})(y_i-\bar{y})}{\sum(x_i-\bar{x})^2}$$

$$b_0 = \overline{y} - b_1\overline{x}$$

이때 관측된 값을 이용하여 추정되는 회귀식은 다음과 같이 표현하며

$$\hat{Y} = b_0 + b_1 X$$

이 식을 추정된 회귀직선 또는 적합된 회귀직선이라 부른다. 여기서 절편 b_0는 X값이 0일 때의 $\hat{Y}$값을, 기울기 b_1은 X가 한 단위 변화함에 따라 평균적으로 변화하는 $\hat{Y}$의 값을 각각 나타낸다. 그리고 관측값 y_i와 추정된 회귀직선식으로부터 추정되는 값 $\hat{y_i}$(예측값이라고 함)의 차이를 잔차(residual : e_i로 표기)라고 한다.

2.4 회귀모형의 적합성 판단

관측값 y_i와 관측값들의 평균 $\overline{y}$ 간의 차이를 편차(deviation)라고 하며, 이 편차는 다음과 같이 두 종류의 합으로 분할할 수 있다.

$$(y_i - \overline{y}) = (y_i - \hat{y_i}) + (\hat{y_i} - \overline{y}), \qquad i = 1,\ 2,\ \cdots,\ n \tag{2}$$

임의의 값 x_i에 대하여 관측값 y_i와 회귀식에 의하여 추정된 값 $\hat{y_i}$는 반드시 일치하지 않으며 이때의 차이 $y_i - \hat{y_i}$ 즉, 잔차는 관측이 불가능한 오차로서 편차 중에서 회귀식으로 설명되지 않는 부분을 나타낸다. 반면에 관측값들의 평균 $\overline{y}$로부터 추정값 $\hat{y_i}$간의 차 $\hat{y_i} - \overline{y}$는 편차 중에서 회귀식에 의하여 설명되는 부분을 나타낸다. 〈그림 2.2〉에는 세 편차

간의 관계를 설명해 주고 있다.

식 (2)의 양변을 각각 제곱한 후, 모든 관측값에 대하여 더하면 다음 관계식이 성립한다.

$$\sum_{i=1}^{n}(y_i-\bar{y})^2=\sum_{i=1}^{n}(y_i-\hat{y}_i)^2+\sum_{i=1}^{n}(\hat{y}_i-\bar{y})^2 \qquad (3)$$

$$SST \quad = \quad SSE \quad + \quad SSR$$

여기서 식 (3)의 좌변을 총변동(total variation) 또는 총제곱합(total sum of squares : SST)이라 하며, 우변식의 앞부분은 총변동 중에서 회귀선에 의하여 설명이 되지 않는 변동 즉, 오차에 의하여 발생되는 변동을 가리키며 이것을 오차제곱합(error sum of squares : SSE)이라 한다. 반면에 우변식의 뒷부분은 총변동 중에서 회귀식에 의하여 설명이 되는 변동을 나타내며 회귀제곱합(regression sum of squares : SSR)이라 부른다. 그리고 총제곱합은 $n-1$, 오차제곱합은 $n-2$, 그리고 회귀제곱합은 1의 자유도를 각각 가진다.

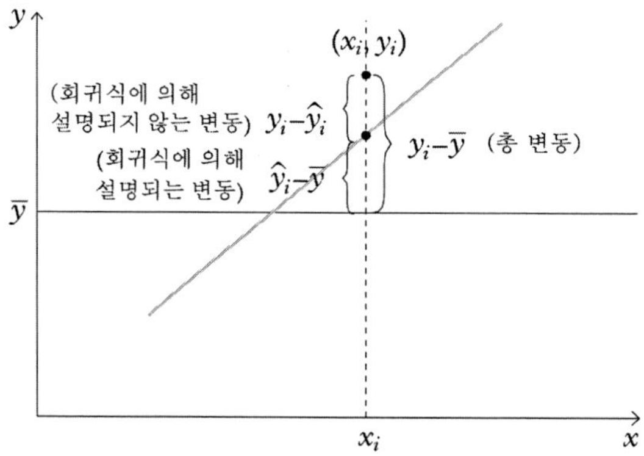

〈그림 2.2〉 세 편차간의 관계도

2.4.1 회귀모형의 검정

총변동을 발생 요인에 따라 분류하여 그 상대적인 크기를 이용하여 각 요인에 대한 유의성(significance) 여부를 판단하는 통계적 분석기법을 분산분석(analysis of variance : ANOVA)이라 하며, 이때 사용되는 표를 분산분석표(ANOVA table)라 한다. 회귀분석에서 주어진 자료를 적합시키는데 있어서 추정된 회귀식이 유의(significant)한지의 여부는 분산분석표를 이용하여 판단할 수 있다.

〈표 2.2〉 단순선형회귀분석에서의 분산분석표

요인	제곱합	자유도	평균제곱합	F_0
회귀	SSR	1	MSR	MSR/MSE
오차	SSE	$n-2$	MSE	
계	SST	$n-1$		

분산분석표에서 평균제곱합(mean square)은 제곱합을 자유도로 나눈 것이며, 여기서 MSR은 회귀제곱합을 자신의 자유도로 나눈 값으로 평균회귀제곱(regression mena square)이라 하며, MSE는 오차제곱합을 자신의 자유도로 나눈 값으로 평균제곱오차(error mean square)라 하며 σ^2의 불편추정량(unbiased estimator)이 된다. 마지막 열의 F_0는 추정된 회귀식의 유의성 여부를 판단하는데 사용되는 검정통계량으로서 자유도가 $(1,\ n-2)$인 F분포를 따른다.[2] 유의성 여부를 판단하기 위해서는 F분포표나 $P-$

[2] 검정통계량 F_0는 MSR과 MSE의 비율로서 이 값이 크면 클수록 추정된 회귀직선이 변수 X와 Y간의 관계를 설명하는데 있어서 유의하다는 것을 의미하게 된다. 여기서 유의하다는 것은 가정된 직선회귀모형이 주어진 자료에 잘 적합되었음을 의미한다.

값을 사용하며, 이때 주어진 유의수준 α에 대하여 계산된 검정통계량의 값 f_0가 $f_0 \geq F_\alpha(1,\ n-2)$이거나 또는 $P-$값$=P(F \geq f_0) < \alpha$이면 '추정된 회귀식은 유의하다'고 결론을 내리면 된다.

[회귀모형의 검정]

- 가설 : $H_0 : \beta_1 = 0$ 즉, 가정된 회귀모형은 적합하지 않다

  $H_1 : \beta_1 \neq 0$ 즉, 가정된 회귀모형은 적합하다
- 검정통계량 : $F_0 = \dfrac{MSR}{MSE}$
- 계산된 검정통계량의 값을 f_0라고 할 때 주어진 유의수준 α 에서

  $f_0 \geq F_\alpha(1, n-2)$ 또는 $P-$값$= P(F \geq f_0) < \alpha$이면, H_0 를 기각

  그렇지 않으면 H_0 를 채택

2.4.2 회귀모형의 적합도

지금까지는 관측된 값을 이용하여 회귀직선을 추정하고, 추정된 회귀직선이 주어진 자료에 적합한 지의 여부를 검정하는 방법에 대하여 공부하였다. 그러나 이때 추정된 회귀직선이 관측값에 어느 정도 잘 적합하고 있는지는 알 수 없다.

추정된 회귀직선이 주어진 자료에 얼마나 잘 적합하고 있는지를 측정하기 위한 도구로서 결정계수(coefficient of determination)가 사용된다. 결정계수는 회귀직선에 의하여 설명되는 변동이 총변동 중에서 차지하고 있는 상대적인 비율로서 정의되며, R^2으로 표기한다.

[결정계수]

종속변수 Y의 변동 중에서 추정된 회귀직선 $\hat{Y}=b_0+b_1X$에 의하여 설명되는 변동의 비율

$$R^2=\frac{SSR(\text{회귀식에 의하여 설명되는 변동})}{SST(\text{총변동})}=\frac{\hat{Y}\text{의 분산}}{Y\text{의 분산}}$$

결정계수 R^2은 Y의 총변동 중에서 추정된 회귀직선에 의해 설명되는 부분이 어느 정도인가를 나타내며, 그 값은 항상 0과 1 사이에 존재한다. 이때 $R^2=1$이면 두 변수가 정확히 $\hat{Y}=b_0+b_1X$라는 직선관계에 의해서 완전하게 설명된다는 즉, 모든 관측값은 회귀직선 위에 정확히 놓이게 된다는 것을 의미한다. 따라서 R^2의 값이 1에 가까울수록 관측값들은 회귀직선 가까이에 밀집되어 있으며, 이는 추정된 회귀직선이 관측값에 잘 적합하고 있다는 것을 의미한다. 이와는 반대로 $R^2=0$이면 추정된 회귀직선에 의하여 두 변수 X와 Y의 관계가 전혀 설명되지 못한다는 것을 나타낸다.

실습 2.1 S은행에서 지난 3개월 동안 적금을 신규 가입하는 고객에게 월 적금액에 따라 선물을 증정하는 고객 유치 캠페인을 벌인 결과, 〈표 2.3〉과 같은 자료를 얻었다. 주어진 자료에 적합한 회귀직선을 구하고, 추정된 회귀직선이 유의한지의 여부를 유의수준 $\alpha=0.05$로 검정해 보도록 하자.

〈표 2.3〉 고객 유치 캠페인 결과

월 적금액(X)		75	100	125	150	175	200
적금 가입자 수(Y)	A 지점	28	112	160	152	156	125
	B 지점	42	136	150	.	124	104

(R 코드 : 자료의 입력과 회귀계수 추정)

```
> X = c(75, 75, 100, 100, 125, 125, 150, 175, 175, 200, 200)
> Y = c(28, 42, 112, 136, 160, 150, 152, 156, 124, 125, 104)
> result = lm(Y ~ X)
> result
  Call:
  lm(formula = Y ~ X)
  Coefficients:
  (Intercept)          X
    50.4136       0.4896
```

(R 코드 설명)

○ 회귀분석을 위해서 R에서 제공되는 함수는 lm이다. lm 함수의 사용 형식은 lm(Y ~ X)이며, 여기서 Y는 종속변수를, X는 독립변수를 나타내고, '~'는 종속변수와 독립변수를 구분하기 위하여 사용된다. 독립변수가 둘 이상일 경우에는 "~" 우변에 +를 사용하여 추가하면 된다. 예) lm(Y ~ X1+X2+X3)

○ 회귀분석 결과는 result라는 이름으로 저장되며, result에는 회귀식 모형과 추정된 회귀계수값이 포함된다. ※ 회귀분석 결과 중에서 회귀계수만을 출력하고 싶을 경우에는 coef 함수를 이용하여 coef(result)와 같이 입력하면 된다.

(결과 해석) 회귀분석 결과 추정된 회귀식은 $\hat{Y}=50.4136+0.4896X$이다. ❖

(R 코드 : 산점도와 산점도상에 추정된 회귀직선 그리기)

```
> plot(X, Y, main="고객 유치 캠페인 결과", xlab="월적금액", ylab="적금가입자수")
> abline(result)
> curve(-0.02196*(x^2)+6.5525*x-324.59868, add=TRUE)
```

(R 코드 설명)

- 두 변수 X, Y에 대한 산점도를 그리기 위하여 plot 함수를 사용한다.
- 절편과 기울기를 알 때 직선을 그리기 위해서 R에서 제공되는 함수가 abline이다. abline 함수의 사용 형식은 abline(절편, 기울기)이다. 예를 들어, abline(2, 1)라고 하면 절편이 2이고 기울기 1인 직선을 그려 준다.
- 산점도 상에 회귀직선을 그리고자 할 경우에는 abline 함수에서 회귀함수 lm의 결과를 인자로 사용하면 된다. 즉, abline(result)는 회귀분석 결과가 저장되어 있는 result에서 절편과 기울기를 찾아 회귀직선을 그려준다.
- 참고적으로 abline 함수에서 1장의 〈표 1.2〉의 명령어들을 추가로 사용하면 회귀직선을 다양한 형태로 표현할 수 있다.

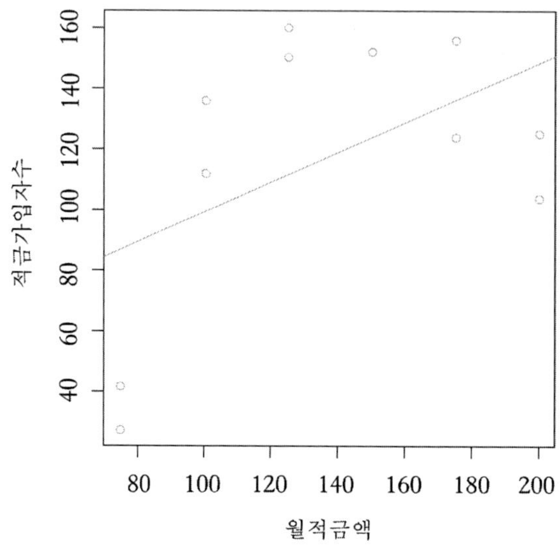

〈그림 2.3〉 산점도 및 추정된 회귀직선

(R 코드 : 분산분석표와 결정계수 R^2과 $P-$값의 출력)

```
> anova(result)
Analysis of Variance Table
Response : Y
          Df  Sum Sq Mean Sq F value Pr(>F)
X          1  5203.5  5203.5  3.1871 0.1079
Residuals  9 14694.2  1632.7
> 1-deviance(result)/sum((Y-mean(Y))^2)
[1] 0.2615119
> 1-pf(3.1871,1,9)
[1] 0.1078787
```

(R 코드 설명)

- 분산분석표의 출력은 anova 함수를 이용하면 된다. 즉, anova 함수의 인자로 위의 R 코드와 같이 회귀함수 lm의 결과를 인자로 사용하면 분산분석표가 출력된다.
- R에서 deviance 함수는 SSE를, sum((Y−mean(Y))^2)은 SST를 계산해 주므로 공식 $R^2 = 1 - SSE/SST$로 부터 결정계수를 구할 수 있다.
- $F(1, 9)$ 분포에서 $P(F < 3.1871)$을 구하기 위하여 pf 함수가 사용된다. 따라서 1−pf(3.1871, 1, 9)는 P−값을 출력해 준다.

(결과 해석)

〈표 2.4〉 고객 유치 캠페인 자료의 분산분석표

요인	제곱합	자유도	제곱평균	F_0
회귀	5203.5	1	5203.5	3.1871
오차	14694.1	9	1632.7	
계	19897.6	10		

〈표 2.4〉의 분산분석표로부터 검정통계량 F_0의 값은 3.1871이고, 이때의 P−값은 출력 결과에서 0.1079가 됨을 알 수 있다. 따라서 P−값$= 0.1079 > \alpha = 0.05$이므로 추정된 회귀식은 유의하지 않다고 할 수 있다. 즉, '월 적금액과 신규적금 가입자의 수 간의 관계를 설명함에 있어 직선회귀모형은 적합하지 않다'고 할 수 있다. 〈그림 2.3〉의 산점도로부터 직선보다는 곡선의 형태가 더 적합함을 알 수 있다. ❖

2.5 회귀계수에 대한 추론

2.5.1 기울기 β_1에 대한 추론

단순선형회귀모형에서 주요 관심이 되는 것은 기울기 β_1이다. 왜냐하면, 회귀모형에서 $\beta_1=0$이면 추정된 회귀식 $\hat{Y}$은 하나의 상수(β_0)가 됨으로서, 독립변수 X의 값들은 종속변수 Y를 설명하는데 아무런 의미를 갖지 못하게 된다. 따라서 귀무가설 $H_0:\beta_1=0$에 대한 검정은 독립변수와 종속변수가 직선적인 관계를 가지고 있는지를 결정하는 검정으로 단순선형회귀분석에서 중요하게 사용된다.

β_1에 관한 추론을 위해 β_1의 점추정량인 b_1의 표본분포를 알아야 한다. 이론적으로 추정량 b_1은 평균과 분산이 각각

$$E(b_1)=\beta_1, \qquad V(b_1)=\sigma^2/\sum(x_i-\overline{x})^2$$

인 정규분포를 따르는 것으로 알려져 있다(증명 생략). 여기서 오차의 분산인 σ^2은 알려져 있지 않은 경우가 대부분이다. 하지만 잔차 e_i가 σ^2에 대한 정보를 제공하기 때문에 σ^2의 추정량으로 잔차들의 제곱합인 SSE를 자유도 $n-2$로 나눈 평균제곱오차 MSE를 사용한다. 따라서 통계량

$$T=\frac{b_1-\beta_1}{\sqrt{\widehat{V(b_1)}}}, \qquad \text{여기서 } \widehat{V(b_1)}=MSE/\sum(x_i-\overline{x})^2$$

는 자유도 $n-2$인 t 분포를 따르며, 이러한 사실을 이용하여 기울기 β_1에 관한 추론을 하게 된다.

[기울기 β_1에 대한 추론]

(1) β_1에 대한 $100(1-\alpha)\%$ 신뢰구간 : $b_1 \pm t_{\alpha/2}(n-2)\sqrt{\dfrac{MSE}{\sum(x_i-\overline{x})^2}}$

(2) $t-$검정 : • 검정통계량 $T=\dfrac{b_1}{\sqrt{\widehat{V(b_1)}}}$

• 관측된 검정통계량의 값을 t라고 할 때 $P-$값의 계산

① 우측검정 : $H_0:\beta_1=0$, $H_1:\beta_1>0$일 때 $P-$값$=P(T\geq t)$

② 좌측검정 : $H_0:\beta_1=0$, $H_1:\beta_1<0$일 때 $P-$값$=P(T\leq t)$

③ 양측검정 : $H_0:\beta_1=0$, $H_1:\beta_1\neq 0$일 때 $P-$값$=P(|T|\geq t)$

2.5.2 절편 β_0에 대한 추론

모수 β_0에 관한 검정은 독립변수의 범위가 0을 포함하거나 또는 회귀직선이 원점을 통과하는지에 관심이 있는 경우를 제외하고는 그다지 중요하지 않다. β_0에 대한 추론을 위해서는 β_0의 점추정량인 b_0의 표본분포를 알아야 한다. 이론적으로 추정량 b_0는 평균과 분산이 각각

$$E(b_0)=\beta_0,\quad V(b_0)=\sigma^2\left(\frac{1}{n}+\frac{(\overline{x})^2}{\sum(x_i-\overline{x})^2}\right)$$

인 정규분포를 따르는 것으로 알려져 있다(증명 생략). 따라서 오차분산 σ^2 대신 이의 추정량인 MSE를 사용한 통계량

$$T = \frac{b_0 - \beta_0}{\sqrt{\widehat{V(b_0)}}}, \qquad \text{여기서 } \widehat{V(b_0)} = MSE\left(\frac{1}{n} + \frac{(\bar{x})^2}{\sum(x_i - \bar{x})^2}\right)$$

는 자유도 $n-2$인 t 분포를 따르게 되며, 이러한 사실을 이용하여 β_0에 대한 추론을 하면 된다. 만약 절편 β_0가 0인 경우를 포함하여 어떤 특정한 수 β_0^*와 같은지에 대한 검정을 하고자 할 경우에도 검정통계량으로 T를 사용하면 된다.

[절편 β_0에 대한 추론]

(1) β_0에 대한 $100(1-\alpha)\%$

신뢰구간 : $b_0 \pm t_{\alpha/2}(n-2)\sqrt{MSE\left(\frac{1}{n} + \frac{(\bar{x})^2}{\sum(x_i - \bar{x})^2}\right)}$

(2) $t-$검정 : • 검정통계량 $T = \frac{b_0 - \beta_0^*}{\sqrt{\widehat{V(b_0)}}}$

• 관측된 검정통계량의 값을 t라고 할 때 $P-$값의 계산

① 우측검정 : $H_0 : \beta_0 = \beta_0^*$, $H_1 : \beta_0 > \beta_0^*$일 때 $P-$값$= P(T \geq t)$

② 좌측검정 : $H_0 : \beta_0 = \beta_0^*$, $H_1 : \beta_0 < \beta_0^*$일 때 $P-$값$= P(T \leq t)$

③ 양측검정 : $H_0 : \beta_0 = \beta_0^*$, $H_1 : \beta_0 \neq \beta_0^*$일 때 $P-$값$= P(|T| \geq t)$

실습 2.2 어느 회사에서 광고비용이 판매액에 미치는 영향을 알아보기 위하여 10개의 대리점에 대한 연간 광고비(X)와 판매액(Y)을 조사한 결과, 〈표 2.5〉와 같은 자료를 얻었다(단위 : 백만원). 회귀직선을 추정하고, 회귀계수 β_1에 대한 추론을 해보도록 하자.

〈표 2.5〉 대리점 별 광고비와 판매액

대리점	1	2	3	4	5	6	7	8	9	10
광고비	1.0	1.1	1.2	1.6	2.1	2.7	3.2	4.0	5.2	6.0
판매액	6.5	8.2	8.3	10	12.3	13.1	14.2	14.6	15.3	15.8

(R 코드 : 자료의 입력과 회귀계수 추정)

```
> x = c(1.0, 1.1, 1.2, 1.6, 2.1, 2.7, 3.2, 4.0, 5.2, 6.0)
> y = c(6.5, 8.2, 8.3, 10, 12.3, 13.1, 14.2, 14.6, 15.3, 15.8)
> result = lm(y~x)
> coef(result)
  (Intercept)          x
     7.006444   1.716568
```

(결과 해석) 추정된 회귀식은 $\hat{Y} = 7.006 + 1.7166X$이 된다. ❖

(R 코드 : β_1에 대한 95% 신뢰구간 계산)

```
> MSE = deviance(result) / 8
> sdbetahat = sqrt(MSE / (t(x-mean(x))%*%(x-mean(x))))
> confidence = c(coef(result)[2]-qt(0.975,8)*sdbetahat, coef(result)[2] + qt(0.975,8)
* sdbetahat)
> confidence
  [1] 1.081254     2.351883
```

(R 코드 설명)

- β_1에 대한 95% 신뢰구간은 $b_1 \pm t_{\alpha/2}(n-2)\sqrt{\frac{MSE}{\sum(x_i-\bar{x})^2}}$ 이므로 먼저 SSE를 자유도$(n-k-1)$로 나누어 MSE를 계산한다.
- 계산된 MSE를 이용해서 b_1에 대한 표준편차를 구하여 sdbetahat에 저장한다.
- coef(result) [2]는 추정된 회귀계수 b_1의 값을, qt(0.975, 8)은 $t_{0.025}(8)$의 값을 출력하기 위하여 사용되었다. 따라서 confidence는 β_1에 대한 95% 신뢰구간의 하한값과 상한값을 계산해 준다.

(R 코드 : 회귀분석 결과 요약 출력)

```
> summary(result)
  Call:
  lm(formula = y ~ x)
  Residuals:
      Min       1Q   Median       3Q      Max
  -2.2230  -0.7484  -0.1928   1.2759   1.7005
  Coefficients:
              Estimate Std. Error t value Pr(>|t|)
  (Intercept)   7.0064     0.9020   7.768  5.4e-05 ***
  x             1.7166     0.2755   6.231 0.000251 ***
  ---
  Signif. codes:  0 '***' 0.001 '**' 0.01 '*' 0.05 '.' 0.1 ' ' 1
  Residual standard error: 1.464 on 8 degrees of freedom
  Multiple R-squared: 0.8291,     Adjusted R-squared: 0.8078
  F-statistic: 38.82 on 1 and 8 DF,  p-value: 0.0002509
```

(R 코드 설명)

○ summary(회귀결과 변수명) 함수는 회귀분석에서 출력될 수 있는 전체 결과를 요약해서 보여준다. 출력 결과에는 잔차에 대한 정보(최소값, 1사분위수(1Q), 중앙값(median), 3사분위수(3Q), 최대값 등), 회귀계수에 대한 정보(추정값, 검정통계량 T의 값, $P-$값 등), 결정계수 R^2, 검정통계량 F_0값과 $P-$값 등에 대한 정보가 제공된다. 출력 결과에서 '***'는 α=0.001에서, '**'는 α=0.01, '*'는 α=0.05에서 각각 유의하다는 것을 나타낸다.

(결과 해석) 광고비(X)에 대한 회귀계수의 추정값은 1.7166, 이 회귀계수에 대한 검정통계량 T의 값은 6.231이고, 이때의 $P-$값은 0.000251이 됨을 알 수 있다. 따라서 $P-$값 $\langle \alpha = 0.05$이므로 귀무가설 $H_0 : \beta_1 = 0$은 기각되어 '광고비와 판매액 간의 관계를 설명하는데 있어 추정된 회귀식 $\hat{Y} = 7.0064 + 1.7166X$는 유의하다'고 할 수 있다. 그리고 이때의 결정계수 R^2값은 0.8291로 전체 변동량의 약 83%가 추정된 회귀식으로 설명되고 있다고 할 수 있다. ❖

(R 코드 : **추정된 회귀식을 이용한 예측값 출력**)

```
> x0 = data.frame(x=3.0)
> predict(result, x0)
        1
12.15615
> x0 = data.frame(x=9.0)
> predict(result, x0)
        1
22.45556
```

(R 코드 설명)

- 데이터 프레임으로부터 x = 3.0을 읽어들여 이를 x0에 저장한다.
- 추정된 회귀식 ($\hat{Y} = 7.0064 + 1.7166X$)을 이용하여 예측값을 구하고자 할 경우 R에서 제공하는 함수는 predict이다. predict 함수는 두 개의 인자 즉, 회귀분석 결과(여기서는 result)와 예측하고자 하는 데이터 프레임 형식의 독립변수 값(여기서는 x0)을 필요로 한다.

(결과 해석) 광고비를 연간 3(백만원) 지출할 경우 예상되는 판매액은 12.156(백만원)이 되고, 광고비를 9(백만원) 지출할 경우에는 예상되는 판매액은 22.456(백만원)이 된다.

❖

2.6 잔차분석

단순선형회귀분석에서는 다음과 같은 가정이 성립한다는 조건 아래에서 회귀모형에 대한 분석이 이루어진다. 그리고 이러한 가정들에 대한 타당성이 인정될 때 회귀분석은 좋은 분석 방법이 된다고 할 수 있다.

- 독립변수와 종속변수는 직선관계에 있다(직선모형)
- 오차 ϵ_i는 평균 0, 분산 σ^2을 갖는다. 즉, ϵ_i의 분산은 독립변수 X의 값에 관계없이 일정하다(등분산성).
- 오차 ϵ_i는 정규분포를 따른다(정규성)
- 오차 ϵ_i, ϵ_j는 서로 독립이다(독립성)

2.6.1 가정의 타당성에 대한 검토

가정의 타당성에 대한 검토는 오차 ϵ_i를 이용하여야 하나 오차 ϵ_i는 관측될 수 없기 때문에 이의 추정량인 잔차 e_i를 이용하여 이루어지며, 이를 잔차분석(analysis of residuals)이라 한다. 잔차는 관측값에서 예측값을 뺀

$$e_i = y_i - \hat{y_i} = y_i - (b_0 + b_1 x_i) \qquad i = 1,\ 2,\ \cdots,\ n$$

로 정의되며, 이때 e_i는 평균과 분산이 각각 0과 $\sigma^2(1-h_{ii})$인 정규분포를 따르게 된다. 여기서

$$h_{ii} = \frac{1}{n} + \frac{(x_i - \overline{x})^2}{\sum_{i=1}^{n}(x_i - \overline{x})^2} \qquad i = 1,\ 2,\ \cdots,\ n \tag{4}$$

이다. 우리가 여기서 알 수 있는 한 가지 중요한 사실은 오차 ϵ_i는 $N(0,\ \sigma^2)$을 따르는 반면에, 잔차 e_i는 $N(0,\ \sigma^2(1-h_{ii}))$를 따른다는 것이다. 즉, 오차 ϵ_i는 i에 관계없이 모두 동일한 분산을 가지게 되지만 잔차 e_i는 i에 따라 서로 다른 분산을 가지게 된다. 따라서 ϵ_i 대신 e_i를 사용할 경우에는 좀 더 정확성을 기하기 위하여 잔차 e_i 대신에 e_i를 $e_i / \sqrt{\widehat{\sigma^2}(1-h_{ii})}$ 로 수정시킨 표준화잔차(standardized residual)[3]나 표준화잔차에서 $\widehat{\sigma^2}$ 대신 i번째 관측값 $(x_i,\ y_i)$를 제외한 $(n-1)$개의 관측값으로 회귀모형을 적합시켰을 때의 추정값 $\widehat{\sigma^2_{(-i)}}$를 사용하여 얻어지는 외표준화잔차(externally standardized residual) $e_i / \sqrt{\widehat{\sigma^2_{(-i)}}(1-h_{ii})}$ 를 사용하기도 한다.

---

3) 내표준화잔차(internally standardized residual)라고 불리기도 한다.

(1) 직선모형의 적절성

분석하고자 하는 자료에 대하여 직선모형이 적합한지 또는 비직선모형이 적합한지에 대한 판단은 관측값 또는 잔차에 대한 산점도를 이용한다.

〈그림 2.4〉에서 보는 바와 같이 독립변수를 x 축으로, 종속변수를 y 축으로 한 산점도에서 (a)에서처럼 관측값들이 회귀직선을 중심으로 직선형태를 보인다면 회귀모형은 타당하다고 할 수 있다. 그러나 (b)와 같이 관측값들이 회귀선을 중심으로 곡선형태를 보일 경우 직선회귀모형은 적합하지 않으며, 이러한 경우에는 비직선회귀모형이 더 적합하다고 할 수 있다.

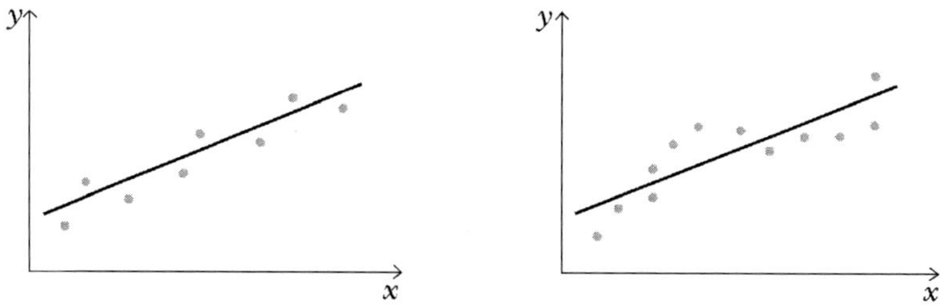

(a) 직선회귀모형이 적합한 경우　　(b) 비직선회귀모형이 적합한 경우

〈그림 2.4〉 관측값에 대한 산점도

〈그림 2.5〉는 독립변수를 x 축으로, 잔차를 y 축으로 한 산점도이다. 이때 (a)와 같이 잔차값들이 0을 중심으로 랜덤하게 흩어져 나타나면 직선모형의 가정은 타당한 것으로 판단한다. 그러나 잔차값들이 (b)와 같이 나타나면 직선보다는 이차곡선모형이, (c)와 같이 나타나면 3차곡선모형이 적합하다고 판정한다. 그리고 잔차값들이 (d)와 같이 나타날 경우에는 모형속에 직선항을 추가하는 것이 바람직하다.

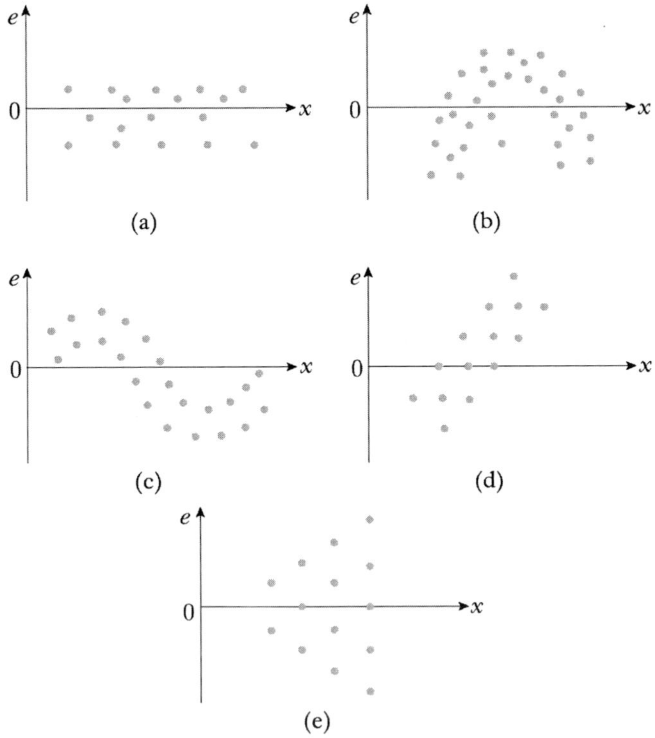

〈그림 2.5〉 잔차에 대한 산점도

(2) 오차항의 등분산성

〈그림 2.5〉는 독립변수를 x 축으로, 잔차를 y 축으로 한 산점도이다. 이때 (a)와 같이 잔차값이 0을 중심으로 랜덤하게 나타나면 등분산의 가정은 모순이 없는 것으로 판단한다. 그러나 잔차값들이 (e)와 같이 나타날 경우 오차분산은 독립변수의 값이 증가함에 따라 커지고 있다는 것을 나타낸다.

(3) 오차항의 정규성

오차 ϵ_i의 확률분포가 정규분포에 가까울 경우에는 회귀분석을 하는데 있어서 별 문제가 되지 않는다. 하지만 회귀분석의 추정과 검정에서 이용되는 t 분포, F 분포는 모두 정규분포로부터 정의되어지기 때문에 오차 ϵ_i의 확률분포가 정규분포로부터 많이 벗어날 경우에는 분석 결과에 중대한 영향을 미친다. 오차항이 정규분포를 따르는지는 잔차에 대한 히스토그램, 상자그림, 정규확률도 등을 이용하여 검토할 수 있다. 즉, 잔차에 대한 히스토그램이 정규분포와 비슷한 형태를 이루고 있을 경우나 상자그림에서 특이값들이 나타나지 않고 대칭성에서 크게 벗어나지 않는다면 정규성은 만족된다고 판단하면 된다.[4] 그리고 잔차들에 대한 정규확률도를 그렸을 때 잔차값들이 직선으로부터 크게 벗어나지 않는다면 정규성은 만족된다고 판단하면 된다.

(4) 오차항의 독립성

서로 다른 두 오차 ϵ_i, ϵ_j가 서로 독립인지에 대한 검토도 독립변수를 x축으로, 잔차를 y축으로 한 산점도를 이용한다. 오차가 서로 독립일 경우 잔차값들은 0을 중심으로 랜덤하게 나타나게 되고, 독립이 아닐 경우는 주로 독립변수가 시간을 나타내거나 관측값이 관측 순서에 영향을 받는 경우에서 발생하게 된다. 오차항이 서로 독립이 아니면서 상관관계를 가질 때 '오차들간에는 자기상관(autocorrelation)이 존재한다'고 한다. 자기상관이 존재하는지의 여부는 더빈-왓슨(Durbin-Waston)의 검정통계량

---

4) 특이값(outlier)이란 독립변수의 값 x에서의 실제 관측된 값 y가 기대값 $\beta_0+\beta_1 x$로부터 많이 벗어나 있는 값을 말한다. 잔차분석에서 표준화잔차의 절대값이 2보다 클 경우에는 특이값으로 간주할 수 있다.

$$D=\frac{\sum_{i=2}^{n}(e_i-e_{i-1})^2}{\sum_{i=1}^{n}e_i^2}, \text{ 여기서 } e_i=y_i-\hat{y_i}$$

을 이용하면 된다. 이때 D의 값이 0에 가까우면 높은 양의 자기상관이, 4에 가까우면 높은 음의 자기상관이 존재한다고 판정한다. 그리고 D의 값이 2에 가까우면 자기상관이 존재하지 않는다고 판정한다.

2.6.2 가정이 성립하지 않을 경우의 해결책

회귀모형에 대한 가정들이 성립하지 않을 경우 이에 대한 해결책으로 변수변환 또는 가중최소제곱법 등을 사용한다. 여기서 변수변환이란 성립하지 않는 가정에 따라 독립변수 또는 종속변수를 변환시키는 방법으로 이때 회귀분석은 변환된 자료를 이용하여 이루어지게 된다.

(1) 직선모형이 적절치 않을 경우

오차항의 정규성과 등분산성은 만족하면서 직선모형에 대한 가정만 성립하지 않을 경우에는 독립변수 X를 변환시키면 된다. 〈그림 2.6〉에는 관측값에 대한 산점도를 그렸을 때 나타나는 몇 가지 유형의 비직선 형태와 이들에 대한 적절한 변환방법이 주어져 있다.

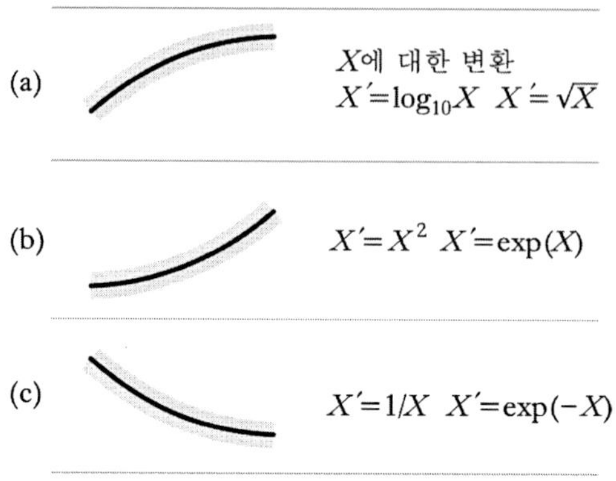

〈그림 2.6〉 비직선 형태일 경우의 변수변환

(2) 정규성과 등분산성의 가정이 동시에 만족되지 않을 경우

오차항에 대한 등분산성의 가정이 만족되지 않을 때 정규성의 가정도 동시에 만족되지 않을 경우가 많다. 이러한 경우에는 종속변수 Y에 대한 변환을 하면 된다. 〈그림 2.7〉에는 등분산성과 정규성의 가정이 성립하지 않을 때 산점도에서 나타나는 유형과 이에 대한 변환방법이 주어져 있다.

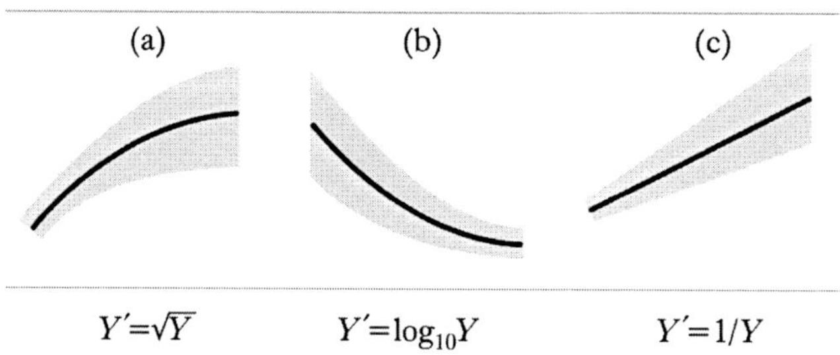

〈그림 2.7〉 정규성과 등분산성의 가정이 성립하지 않을 경우의 변수변환

실습 2.3 랜덤으로 추출된 25명의 아기들의 혈장수준(Y)과 나이(X)를 조사한 결과 〈표 2.6〉과 같은 자료를 얻었다. 나이와 혈장수준간의 관계를 나타내는 적합된 회귀직

선식을 추정해 보도록 하자.

〈표 2.6〉 아기들의 나이에 따른 혈장수준

X	Y	$Y' = \log_{10}Y$	X	Y	$Y' = \log_{10}Y$
0 (신생아)	13.44	1.1284	2	7.85	0.8949
0 (신생아)	12.84	1.1086	2	8.88	0.9484
0 (신생아)	11.91	1.0759	3	7.94	0.8998
0 (신생아)	20.09	1.3030	3	6.01	0.7789
0 (신생아)	15.60	1.1931	3	5.14	0.7110
1	10.11	1.0048	3	6.90	0.8388
1	11.38	1.0561	3	6.77	0.8306
1	10.28	1.0120	4	4.86	0.6866
1	8.96	0.9523	4	5.10	0.7076
1	8.59	0.9340	4	5.67	0.7536
2	9.83	0.9926	4	5.75	0.7597
2	9.00	0.9542	4	6.23	0.7945
2	8.65	0.9370			

(R 코드 : 자료의 입력, 회귀계수(변환전) 추정, R^2(변환전) 출력)

```
> x = c(0,0,0,0,0,1,1,1,1,1,2,2,2,2,2,3,3,3,3,3,4,4,4,4,4)
> y = c(13.44,12.84,11.91,20.09,15.60,10.11,11.38,10.28,8.96,8.59,9.83,9.00,8.65,7.85,8.
88,7.94,6.01,5.14,6.90,6.77,4.86,5.10,5.67,5.75,6.23)
> result1 = lm(y ~ x)
> coef(result1)
  (Intercept)          x
      13.4752    -2.1820
> 1-deviance(result1)/sum((y-mean(y))^2)
  [1] 0.7532488
```

(R 코드 : 회귀계수(변환후) 추정, R^2(변환후) 출력)

```
> yt = log10(y)
> result2 = lm(yt ~ x)
> coef(result2)
 (Intercept)            x
   1.1348187   -0.1022832
> 1-deviance(result2)/sum((yt-mean(yt))^2)
 [1] 0.8535244
```

(R 코드 설명)

- 원자료를 $\log_{10} Y$로 변환하여 yt에 저장하도록 하였다.
- 변환된 자료로부터 lm 함수, coef 함수 등을 사용하여 회귀계수를 추정하였으며, 또한 공식 $R^2 = 1 - SSE/SST$를 사용하여 결정계수의 값이 출력되도록 하였다.

(R 코드 : 산점도, 회귀직선, 정규확률도 그리기)

```
> par(mfrow=c(2,2))
> plot(x, y, xlab="신생아 나이", ylab="혈장수준")
  곡선은 어떻게 그리는가?
> plot(x, yt)", xlab="신생아 나이", ylab="log10(혈장수준)")
> abline(result2)
> plot(x, residuals(result2), xlab="신생아 나이",
  ylab="잔차")
> qqnorm(residuals(result2), ylab="잔차")
> qqline(residuals(result2))
```

(R 코드 설명)

- par(mfrow=c(a,b)) 함수는 한 페이지에 여러 개의 그림을 동시에 그리고자 할 경우에 사용된다. 여기서 명령어 mfrow는 행과 열을 어떻게 할 것인지를 지정하는 것으로 a는 행의 개수를, b는 열을 개수를 나타낸다. 예를 들어, c(2,2)는 두 개의 행에 두 개의 열 형태로 총 4개의 산점도를 한 페이지에 그리라는 것을 의미한다.
- 정규확률도를 그리고자 할 경우 qqnorm 함수를 사용한다. 여기서 residuals(result2)는 변환된 자료를 이용한 회귀분석(result2)에서 나타난 잔차를 의미한다.
- qqline 함수는 정규확률도에서 잔차값들을 중심으로 직선을 그리기 위해서 사용되었다.

(결과 해석) 〈그림 2.8〉의 산점도 (a)에서 원자료에 적합한 회귀모형은 직선보다는 곡선형태가 더 적절해 보임을 알 수 있으며, 각 x값에서 관측값들은 나이가 많을 때보다도 나이가 적을 때가 더 변화가 심한 경향을 나타내고 있어 직선모형에 대한 가정과 오차의 등분산성에 대한 가정이 의문시되고 있다.

〈그림 2.7〉을 참고하여 원자료를 $Y'=\log_{10}Y$로 변환하였으며, 변환 후의 산점도 즉, 〈그림 2.8〉의 (b)로부터 직선모형과 등분산성에 대한 가정이 어느 정도 개선되었음을 알 수 있다. 변환된 자료를 직선회귀모형에 적합시켰을 때 추정된 회귀식은 $\hat{Y}'=1.135-0.1023X$가 되며, 〈그림 2.8〉의 잔차도 (c)와 정규확률도 (d)로부터 등분산성과 정규성의 가정이 대체로 만족됨을 알 수 있다. 자료를 변환시켰을 때와 변환시키지 않았을 때의 회귀모형에 대한 적합 정도를 비교하여 본 결과, 결정계수값은 0.7532에서 0.8535로 향상되어 자료의 변환이 바람직했음을 알 수 있다.

※ 만약 추정된 회귀식을 다시 Y로 나타내고자 할 경우에는 다음과 같이 $\hat{Y}'$를 역변환하면 된다. $\hat{Y}=antilog_{10}(1.135-0.1023X)=10^{(1.135-0.1023X)}$ ❖

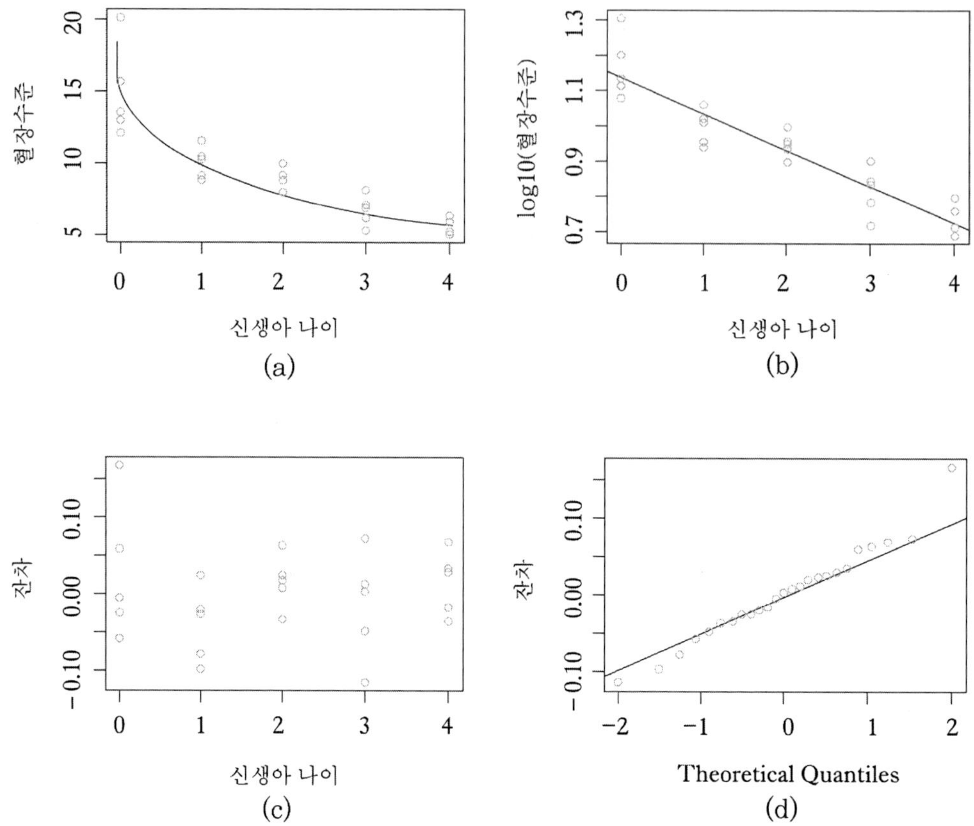

〈그림 2.8〉 나이와 혈장수준에 대한 산점도와 잔차도

(3) 등분산성의 가정만이 만족되지 않을 경우

오차항의 정규성, 독립성, 등분산성 중에서 등분산성의 가정만 만족되지 않을 경우 가중최소제곱법(method of weighted least squares)을 사용한다. 가중최소제곱법은 최소제곱법을 변형시킨 형태로서 가중치를 사용하여 회귀계수를 추정하는 방법이다.

[가중최소제곱법]

$\sqrt{\omega_i}$ 를 모형의 양변에 곱하여 오차의 제곱합

$$Q_0 = \sum \omega_i (y_i - \beta_0 - \beta_1 x_i)^2$$

이 최소가 되도록 하는 β_0와 β_1의 추정값을 구하는 방법

가중최소제곱법에 의한 회귀계수 β_0와 β_1의 추정값은 각각

$$b_1 = \frac{\sum \omega_i (x_i - \overline{x})(y_i - \overline{y})}{\sum \omega_i (x_i - \overline{x})^2}$$

$$b_0 = \overline{y} - b_1 \overline{x}$$

이며, 여기서 $\overline{x} = \sum \omega_i x_i / \sum \omega_i$, $\overline{y} = \sum \omega_i y_i / \sum \omega_i$이다.

실습 2.4 S 건설회사에서는 공사입찰가격(X)과 입찰을 준비하는데 소요되는 경비(Y)간의 관계를 분석하기 위하여 〈표 2.7〉과 같은 자료를 얻었다. 주어진 자료에 적합한 회귀식을 추정해 보도록 하자.

〈표 2.7〉 공사입찰가격과 소요경비

공사입찰가격	소요경비	$\omega_i = 1/x_i^2$
2.13	15.5	.2204
1.21	11.1	.6830
11.00	62.6	.0082
6.00	35.4	.0277
5.60	24.9	.0318
6.91	28.1	.0209
2.97	15.0	.1133
3.35	23.2	.0891
10.39	42.0	.0092
1.10	10.0	.8264
4.36	20.0	.0526
8.00	47.5	.0156

(R 코드 : 원자료에 대한 회귀분석, 잔차도, 정규확률도의 출력)

```
> x = c(2.13,1.21,11.00,6.00,5.60,6.91,2.97,3.35,10.39,1.10,4.36,8.00)
> y =c(15.5,11.1,62.6,35.4,24.9,28.1,15.0,23.2,42.0,10.0,20.0,47.5)
> result1 = lm(y ~ x)
> coef(result1)
  (Intercept)          x
     4.228946   4.515275
> summary(result1)$r.squared
  [1] 0.879518
> plot(x, residuals(result1), main="원자료에 대한 잔차도", xlab="공사입찰가격", ylab="잔
차")
> qqnorm(residuals(result1), ylab="잔차", main="정규확률도")
> qqline(residuals(result1))
```

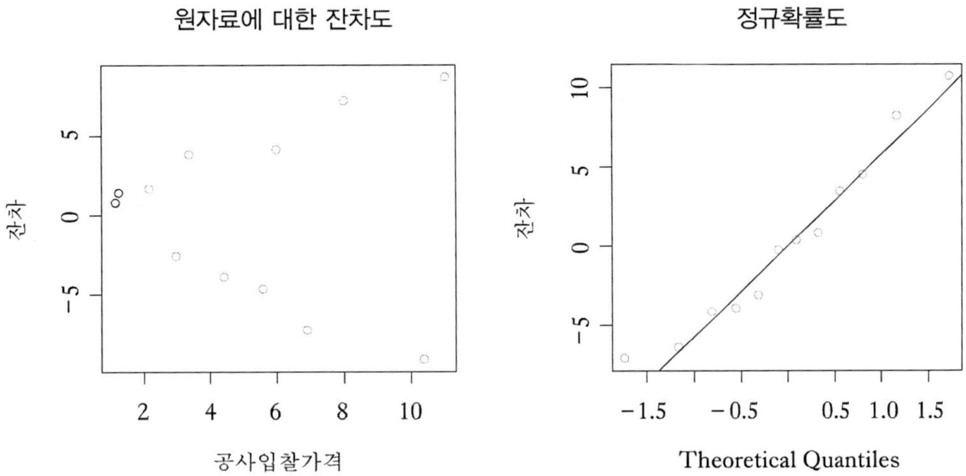

〈그림 2.9〉 잔차도와 정규확률도(변환전)

(결과 해석) 〈그림 2.9〉의 산점도에서 독립변수 x의 값이 증가함에 따라 잔차값이 점점 커지고 있기 때문에 오차의 등분산성에 대한 가정은 만족되지 않는다고 할 수 있다. 그리고 잔차값은 거의 x^2에 비례하여 증가하고 있다고 볼 수 있기 때문에 $V(\epsilon_i)=x_i^2\sigma^2$이라고 할 수 있다. 가중치를 $\omega_i = 1/x_i^2$로 둔 가중최소제곱법에 의한 회귀계수의 추정은 다음과 같이 R 코드를 작성하면 된다(정규확률도에서 잔차값들은 직선에서 크게 벗어나고 있지 않기 때문에 정규성에 대한 가정은 만족된다고 보아도 무방하겠다). ❖

(R 코드 : 가중최소제곱 회귀직선의 추정과 R^2의 출력)

```
> result2 = lm(y~x, weights = 1/x^2)
> coef(result2)
  (Intercept)          x
     5.656852   4.190552
> summary(result2)$r.squared
  [1] 0.9150894
```

(R 코드 설명)

- 가중최소제곱 회귀모형을 적합하기 위해서는 lm 함수속에 명령어 'weights'를 사용하여 가중치 'weights = 1/x^2'을 추가해 주면 된다.
- summary 함수를 이용하여 회귀분석 결과 중에서 필요한 통계량들의 값만을 출력시킬 수도 있다. 이러한 경우에는 'summary(회귀결과 변수명)$선택어' 형식의 R 코드를 사용한다. 예를 들어, 'summary(result2)$r.squared'라고 입력하게 되면 결정계수값만 출력된다. 〈표 2.8〉에는 summary 함수에서 사용할 수 있는 선택어가 요약되어 있다.

〈표 2.8〉 summary 함수에서 사용할 수 있는 선택어의 종류

선택어	의미	선택어	의미
call	회귀식	df	자유도
residuals	잔차	r.squared	결정계수
coefficients	회귀계수	adj.r.squared	조정된 결정계수
sigma	잔차평균오차	fstatistic	F 통계량

(결과 해석) 추정된 가중최소제곱 회귀식은 $\hat{Y}=5.656852+4.190552X$이며, 이때의 결정계수는 약 0.92로 최초 회귀식에 대한 결정계수(0.87)보다 증가되었다. 여기서 $R^2=0.92$는 전체 변동량의 약 92%가 추정된 회귀식에 의하여 설명되고 있다는 것을 의미한다.

❖

(R 코드 : 잔차분석)

```
> plot(x, residuals(result2), main="변환자료에 대한 잔차도", xlab="공사입찰가격", ylab=
"잔차")
>qqnorm(residuals(result2), ylab="잔차", main="정규확률도")
>qqline(residuals(result2))
>library(lmtest)
>dwtest(y~x)
          Durbin-Watson test
   data : y ~ x
   DW = 1.8401, p-value = 0.4197
   alternative hypothesis : true autocorrelation is greater than 0
```

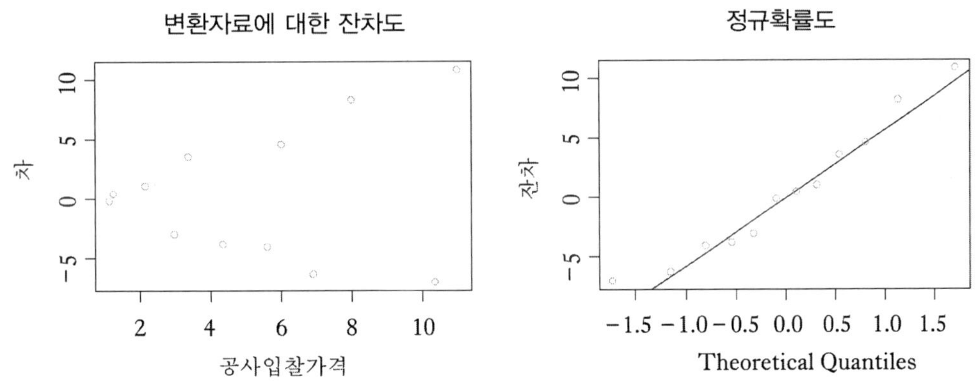

〈그림 2.10〉 잔차도와 정규확률도(변환후)

(R 코드 설명)

- 변환된 자료에 대한 잔차도와 정규확률도를 그리기 위하여 plot 함수와 qqnorm 함수가 사용되었다. 그리고 qqline 함수는 정규확률도에 직선을 그리기 위하여 사용되었다.

○ 자기상관 존재 여부를 판단하기 위한 더빈-왓슨 통계량을 출력하기 위한 함수는 dwtest이다. 하지만 dwtest 함수는 'lmtest'라는 패키지에서 사용가능하기 때문에 이를 위한 라이브러리 설치가 필요하다. lmtest를 프로그램에 설치하기 위해서는 메뉴표시줄에서 '패키지'-'패키지 인스톨'을 차례로 선택한 후 다운로드할 국가를 선택하라는 화면에서 'korea'를 선택하고, 이어서 패키지 종류 화면이 나타나면 여기서 'lmtest'를 클릭하면 설치가 완료된다.[5)]

(결과 해석) 가중최소제곱 방법을 이용하여 추정된 회귀식에 대한 잔차분석 결과 〈그림 2.10〉에서 보는바와 같이 오차항의 등분산성은 약간 개선되었고, 정규확률도에서 정규성에 대한 가정도 대체로 만족되고 있음을 알 수 있다. 그리고 결정계수는 0.8795에서 0.9250로 증가하였다.

더빈-왓슨 결과 통계량 값은 1.8401로 거의 2에 가깝고, P-값도 0.4197로 자기상관이 없는 것으로 나타나고 있다. 따라서 오차항들간의 독립성에 대한 가정은 만족된다고 할 수 있다. ❖

---

5) R이 가지고 있는 커다란 장점중의 하나는 많은 학자들이 자료 분석을 위한 새로운 프로그램을 개발하고, 이를 패키지화하여 R에 포함시키고 있기 때문에 사용자들이 최신의 패키지를 자유롭게 사용할 수 있다는 것이다.

연습문제

① S대학교에서는 대학입학 성적(고교내신 + 수학능력시험 + 논술고사의 점수)이 입학 후의 성적과는 어떠한 관계를 가지고 있는지를 분석하기 위하여 4학년 학생 중에서 8명을 랜덤으로 추출하여 다음과 같은 자료를 얻었다(여기서 입학후의 성적은 대학 3년 동안 학생들이 수강한 과목들의 GPA 평균을 나타낸다). 자료에 적합한 회귀직선식을 추정하고, 결정계수를 구하여라.

입학시의 성적(X)	480	490	510	510	530	550	610	640
입학후의 성적(Y)	2.7	2.9	3.3	2.9	3.1	3.0	3.2	3.7

② 어떤 회사에서는 광고비와 판매액 사이의 관계를 분석하기 위하여 5개 대리점으로부터 다음과 같은 결과를 얻었다(단위 : 만원). 광고비를 독립변수(X), 판매액을 종속변수(Y)로 하여 다음 물음에 답하여라.

광고비	600	400	800	200	500
판매액	5000	4000	7000	3000	6000

(1) 최소제곱법을 사용하여 적합된 회귀식을 추정하여라.

(2) 결정계수 R^2을 구하고, 그 의미를 설명하여라.

(3) 광고비를 70만원으로 할 경우 예상되는 판매액은 얼마인가?

(4) 가설 $H_0 : \beta_1 = 0$, $H_1 : \beta_1 \neq 0$을 유의수준 $\alpha = 0.05$로 검정하여라.

③ S백화점의 영업부에서는 백화점을 방문하는 고객 수와 매출액 사이의 관계를 분석하기 위하여 10일 동안 조사한 결과 다음과 같은 자료를 얻었다. 고객 수를 독립변수(X), 매출액을 종속변수(Y)로 하여 다음 물음에 답하여라.

고객수(백명)	71	82	111	85	89	110	111	121	129	132
매출액(십만원)	250	280	301	325	328	390	410	420	450	475

(1) 적합된 직선회귀식을 추정하여라.

(2) 추정된 직선회귀식이 유의한지를 유의수준 $\alpha = 0.10$ 으로 검정하여라.

④ 파일 'Galton.csv'에는 아버지의 키와 자식의 키를 조사한 자료가 저장되어 있다. 이 자료는 실제 부모의 키(X)로부터 자식의 키(Y)를 예측하는데 사용된 자료이다. 주어진 자료를 이용하여 적합된 직선회귀식을 추정하고, 적합된 회귀식의 의미를 설명하여라.

※ 자료는 파일 Galton.csv에 저장되어 있으며 교우사 홈페이지(www.kyowoo.co.kr)에서 다운받을 수 있다. 파일을 읽어 들이는 방법은 3장의 3.6절 〈실습 3.6〉을 참고하기 바란다(파일을 읽어 들이기 위해서는 현재 R 프로그램이 실행 중인 폴더에 읽어 들이고자 하는 파일이 있어야 한다).

3장
중선형회귀분석

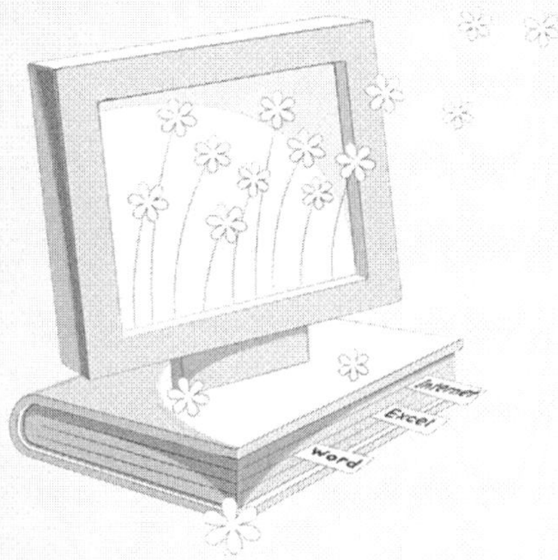

지금까지는 독립변수가 하나인 단순선형회귀분석에 대해서 공부하였다. 그러나 자연 또는 사회현상을 설명하는데 있어서 종속변수의 변화는 한 개보다는 두 개 이상의 독립변수에 의하여 설명되는 경우가 대부분이다. 예를 들어, 어떤 공정에서 나오는 제품의 강도는 그 공정의 온도와 압력에 의해서 설명될 수 있을 것이며, 농작물의 수확량은 비료의 사용량, 강우량, 기온 등에 의해서 설명될 수 있을 것이다. 이처럼 종속변수의 변화를 설명하기 위하여 두 개 이상의 독립변수가 사용되는 회귀모형을 중선형회귀모형(multiple linear regression model)이라 하고, 중선형회귀모형을 이용하여 변수들간의 관련성을 분석하는 통계 기법을 중선형회귀분석(multiple linear regression analysis)이라 한다. 중선형회귀분석의 기본개념은 단순선형회귀분석과 같으며, 단지 독립변수의 수가 많기 때문에 보다 복잡한 형태로 나타나게 된다.

3.1 중선형회귀모형

독립변수가 k 개인 중선형회귀모형은 다음과 같은 형태로 표현된다.

$$y_i = \beta_0 + \beta_1 x_{1i} + \cdots + \beta_k x_{ki} + \epsilon_i, \qquad i = 1,\ 2,\ \cdots,\ n$$

여기서 β_0, β_1, $\cdots$, β_k는 모집단의 회귀계수, ϵ_i는 종속변수 Y를 측정할 때 발생되는 오차를 나타낸다. 그리고 오차 ϵ_i는 단순선형회귀모형에서와 마찬가지로 정규분포 $N(0,\ \sigma^2)$을 따르며, 오차들은 서로 독립적으로 발생된다고 가정한다.

3.2 회귀식의 추정

독립변수가 한 개인 회귀모형은 회귀계수 β_0, β_1을 포함하고 있으며, 이들 회귀계수는 두 개의 연립방정식으로 이루어진 정규방정식으로부터 추정되어진다. 독립변수가 두 개일 경우의 회귀모형은 세 개의 회귀계수 β_0, β_1, β_2를 포함하고 있으며, 이들을 추정하기 위한 정규방정식은 세 개의 연립방정식으로 이루어진다. 그리고 독립변수가 k개일 경우 회귀모형은 $k+1$개의 회귀계수를 포함하게 되며, 회귀계수 추정을 위한 정규방정식은 $k+1$개의 연립방정식으로 이루어진다. 이와 같이 독립변수의 개수가 많으면 많을수록 연립방정식의 수는 늘어나게 되고, 결과적으로 회귀계수들의 추정은 그만큼 복잡하게 된다. 이러한 어려움을 피하고자 중선형회귀분석에서는 행렬을 사용하여 정규방정식을 간단하게 표현하며, 행렬로 표현된 정규방정식으로부터의 회귀계수 추정은 컴퓨터를 이용하게 된다.

독립변수가 k개인 중선형회귀모형을 행렬을 이용하여 표현하면 다음과 같다.

$$\begin{pmatrix} y_1 \\ y_2 \\ \vdots \\ y_n \end{pmatrix} = \begin{pmatrix} 1 & x_{11} & \dots & x_{k1} \\ 1 & x_{12} & \dots & x_{k2} \\ & \vdots & & \\ 1 & x_{1n} & \dots & x_{kn} \end{pmatrix} \begin{pmatrix} \beta_0 \\ \beta_1 \\ \vdots \\ \beta_k \end{pmatrix} + \begin{pmatrix} \epsilon_1 \\ \epsilon_2 \\ \vdots \\ \epsilon_k \end{pmatrix} \quad \Leftrightarrow \quad \boldsymbol{y} = \boldsymbol{X\beta} + \boldsymbol{\epsilon}$$

$$\boldsymbol{y} \qquad\qquad \boldsymbol{X} \qquad\qquad \boldsymbol{\beta} \qquad \boldsymbol{\epsilon}$$

중선형회귀모형에서 최소제곱법에 의한 회귀계수 $\beta_0, \beta_1, \cdots, \beta_k$를 추정하기 위해서 단순선형회귀분석의 경우와 마찬가지로 오차들의 제곱합을 최소로 하는 b_0, b_1, $\cdots$, b_k의 값을 구한다. 즉, 행렬로 표현된 중선형회귀모형 $\boldsymbol{y}=\boldsymbol{X}\beta+\epsilon$에서 오차제곱합은

$$S=\sum_{i=1}^{n}\epsilon_i^2=\epsilon'\epsilon=(\boldsymbol{y}-\boldsymbol{X}\beta)'(\boldsymbol{y}-\boldsymbol{X}\beta)$$

$$=\boldsymbol{y}'\boldsymbol{y}-2\beta'\boldsymbol{X}'\boldsymbol{y}+\beta'\boldsymbol{X}'\boldsymbol{X}\beta$$

가 되고, 이를 회귀계수 β에 대하여 미분하여 0으로 놓으면

$$\frac{\partial S}{\partial\beta}=-2\boldsymbol{y}'\boldsymbol{X}+2\beta'\boldsymbol{X}'\boldsymbol{X}$$

가 되어 정규방정식은

$$\boldsymbol{X}'\boldsymbol{X}\beta=\boldsymbol{X}'\boldsymbol{y}$$

가 된다. 이때 행렬 $\boldsymbol{X}'\boldsymbol{X}$의 역행렬이 존재할 경우 회귀계수 β의 추정량 $\boldsymbol{b}$는 다음과 같게 된다.

$$\boldsymbol{b}=\begin{pmatrix} b_0 \\ b_1 \\ \vdots \\ b_k \end{pmatrix}=(\boldsymbol{X}'\boldsymbol{X})^{-1}\boldsymbol{X}'\boldsymbol{y}$$

3.3 회귀모형의 적합성 판단

3.3.1 회귀모형의 검정

추정된 중선형회귀모형이 주어진 자료에 적합한지를 검정하기 위한 분산분석표는 〈표 3.1〉과 같다.

〈표 3.1〉 중선형회귀분석에서의 분산분석표

요인	제곱합	자유도	평균제곱합	F_0
회귀	SSR	k	MSR	MSR/MSE
오차	SSE	$n-k-1$	MSE	
계	SST	$n-1$		

중선형회귀분석에서의 분산분석도 단순선형회귀분석에서와 마찬가지로 총변동을 회귀식에 의하여 설명되는 변동과 잔차에 의하여 설명되는 변동으로 나누어 가정된 회귀모형이 주어진 자료에 적합한지 여부를 판단하게 된다. 행렬을 이용할 경우 총변동을 나타내는 총제곱합 SST와 잔차에 의하여 설명되는 변동을 나타내는 오차제곱합 SSE는 다음과 같이 표현되어진다.

$$SST = \sum(y_i - \overline{y})^2 = \sum y_i^2 - n(\overline{y})^2 = \boldsymbol{y}'\boldsymbol{y} - n(\overline{y})^2$$

$$SSE = \sum(y_i - \hat{y}_i)^2 = (\boldsymbol{y} - \hat{\boldsymbol{y}})'(\boldsymbol{y} - \hat{\boldsymbol{y}}) = (\boldsymbol{y} - \boldsymbol{X}\boldsymbol{b})'(\boldsymbol{y} - \boldsymbol{X}\boldsymbol{b})$$

$$= \boldsymbol{y}'\boldsymbol{y} - 2\boldsymbol{b}'\boldsymbol{X}'\boldsymbol{y} + \boldsymbol{b}'\boldsymbol{X}'\boldsymbol{X}\boldsymbol{b}$$

$$= \boldsymbol{y}'\boldsymbol{y} - \boldsymbol{b}'\boldsymbol{X}'\boldsymbol{y}$$

그리고 회귀식에 의하여 설명되는 변동 SSR은 관계식 $SSR = SST - SSE$로부터 구할 수 있다. 이때 SSE의 자유도는 $\boldsymbol{y}'\boldsymbol{y}$의 자유도 n에서 $\boldsymbol{b}'\boldsymbol{X}'\boldsymbol{y}$의 자유도 $k+1$을 뺀 $n-k-1$이 되고, 회귀제곱합 SSR의 자유도는 $(n-1)-(n-k-1)=k$가 된다.

〈표 3.1〉의 분산분석표에서 회귀평균제곱합 MSR은 SSR을 자유도 k로, 오차평균제곱합 MSE는 SSE를 자유도 $n-k-1$로 나누어 얻어지는 값이다. 통계량 $F_0 = \dfrac{MSR}{MSE}$은 $F-$검정을 위한 검정통계량으로 추정된 회귀식이 주어진 자료에 적합한지를 검정하는데 사용된다.[6] 검정 결과 계산된 검정통계량의 값 f_0가 주어진 유의수준 α에서 $f_0 \geq F_\alpha(k,\ n-k-1)$이거나 또는 $P-$값$= P(F \geq f_0) < \alpha$이면 '추정된 회귀식이 유의하다'고 결론을 내린다.

[회귀모형의 검정]

- 가설 : $H_0 : \beta_1 = \beta_2 = \cdots = \beta_k = 0$

  H_1 : 적어도 하나의 j 에 대하여 $\beta_j \neq 0$
- 검정통계량 : $F_0 = \dfrac{MSR}{MSE}$
- 계산된 검정통계량의 값을 f_0라고 할 때 주어진 유의수준 α 에서

  $f_0 \geq F_\alpha(k, n-k-1)$ 또는 $P-$값$= P(F \geq f_0) < \alpha$이면, H_0 를 기각

  그렇지 않으면 H_0 를 채택

6) 회귀모형의 적합성에 대한 검정은 가설 '$H_0 : \beta_1 = \beta_2 = \cdots = \beta_k = 0$, H_1: 적어도 하나의 j 에 대하여 $\beta_j \neq 0$이다'에 대한 검정과 동일하다.

3.3.2 회귀모형의 적합도

(1)결정계수

중선형회귀분석에서 추정된 회귀식이 주어진 자료에 얼마나 잘 적합하고 있는 지의 측정은 단순선형회귀분석의 경우와 마찬가지로 결정계수 R^2 을 이용한다.

[결정계수]

$$R^2 = \frac{SSR}{SST} = 1 - \frac{SSE}{SST}$$

관측값 y_i가 추정된 회귀식의 값 $\hat{y}_i$과 일치한다면 $SSE = 0$이 되어 $R^2 = 1$이 된다. 그러나 실제로 $R^2 = 1$이 되는 경우는 거의 없다. 따라서 R^2이 1에 가까우면 추정된 회귀식이 주어진 자료에 잘 적합하고 있다고 보면 된다. 하지만 중선형회귀분석에서는 R^2의 값이 크다고 해서 단순선형회귀분석의 경우와 같이 가정된 회귀모형이 잘 적합하고 있다고 해석하면 안된다. 왜냐하면, 중선형회귀분석에서는 독립변수를 추가할 때마다 그 추가된 변수가 실제로 종속변수 Y에 커다란 영향을 주지 않더라도 결정계수 R^2의 값을 조금이라도 커지도록 만들기 때문이다. 따라서 중선형회귀분석에서 많은 변수들을 모형에 추가시켜 무조건 R^2을 크게 만들었다고 해서 그 모형이 바람직한 모형이라고 할 수는 없는 것이다. 이러한 경우에는 모형에 새로이 추가된 독립변수가 종속변수를 예측하는데 있어 기여를 하는 경우에만 결정계수의 값이 증가하도록 하는 수정된 결정계수를 이용한다든지 또는 각 회귀계수에 대한 부분 $t-$검정을 통해 특정한 독립변수를 포함할 것인지의 여부를 판단하여야 한다.

(2) 수정된 결정계수

중선형회귀분석에서 새로운 변수를 모형속에 추가시킴에 따라 결정계수 R^2의 값은 항상 증가한다. 이때 추가되는 독립변수가 실제로 종속변수를 설명하고 예측하는데 영향을 미치고 있는지를 제대로 판단할 수 있어야 한다. 새로이 추가된 독립변수가 종속변수를 설명하고 예측하는데 기여를 하는 경우에만 그 값이 증가하도록 한 측도를 수정된 결정계수(adjusted R^2)라 하며, R_a^2으로 표기한다.

[수정된 결정계수]

$$R_a^2 = 1 - \frac{n-1}{n-k-1} \cdot \frac{SSE}{SST}$$

수정된 결정계수 R_a^2은 모형 속에 포함되는 독립변수의 수가 증가한다고 해서 반드시 그 값이 증가하는 것은 아니다. 수정된 결정계수 R_a^2의 값이 증가되기 위해서는 SSE가 감소되어야 한다. 새로운 독립변수를 모형에 추가해도 SSE가 감소되지 않는다면 수정된 결정계수 R_a^2의 값은 증가하지 않게 된다. 따라서 변수를 모형속에 하나씩 추가함에도 불구하고 수정된 결정계수 R_a^2의 값이 오히려 감소하면 그 변수는 모형속에 포함시키지 않는 것이 바람직하다.[7)]

7) 개별 회귀계수에 대한 t-검정에서 검정통계량 T_0의 값이 $1 < |T_0| < 2$일 때 유의하지 않더라도 R_a^2의 값이 증가하는 경우가 있기 때문에 R_a^2을 이용하여 독립변수를 추가로 포함할 것인지의 여부를 결정할 때 주의를 기울여야 한다.

실습 3.1 화장품의 기호도(Y)와 수분의 함유량 (X_1), 향료의 함유량 (X_2)의 관계를 분석하기 위하여 6명의 소비자를 랜덤으로 추출하여 〈표 3.2〉와 같은 자료를 얻었다. 주어진 자료에 적합한 중선형회귀식을 추정한 후, 그 적합성 여부를 유의수준 $\alpha = 0.05$로 검정해 보도록 하자.

〈표 3.2〉 화장품의 기호도와 수분 및 향료의 함유량

	1	2	3	4	5	6
X_1	4	4	6	6	8	8
X_2	2	6	2	6	2	6
Y	64	81	72	91	83	96

※ 회귀계수의 추정값은 2가지 방법 즉, 행렬 $b = (X'X)^{-1}XY$ 또는 lm 함수로부터 구할 수 있다. 여기서는 먼저 행렬을 이용하여 회귀계수를 추정하는 요령에 대해서 설명하겠다.

(R 코드 : 자료의 입력)

```
> X0 = rep(1,6)
> X1 = c(4, 4, 6, 6, 8, 8)
> X2 = c(2, 6, 2, 6, 2, 6)
> X = cbind(X0, X1, X2)
> Y = c(64, 81, 72, 91, 83, 96)
```

(R 코드 설명)

- rep 함수는 동일한 수를 반복하고자 할 경우에 사용되며, 여기서 rep(1, 6)은 1을 6번 반복하여 출력하라는 의미이다. 즉, X0 = c(1, 1, 1, 1, 1, 1)과 같은 의미이다.
- cbind 함수는 열을 기준으로 자료를 덧붙이고자 할 때 사용되는 함수이다. 여기서 cbind(X0, X1, X2)는 다음과 같은 행렬 X를 만들기 위하여 사용되었다.

$$X = \begin{pmatrix} 1 & 4 & 2 \\ 1 & 4 & 6 \\ 1 & 6 & 2 \\ 1 & 6 & 6 \\ 1 & 8 & 2 \\ 1 & 8 & 6 \end{pmatrix}$$

(R 코드 : 정규방정식을 이용한 회귀계수 추정)

```
> b = solve(t(X)%*%X)%*%t(X)%*%y
> b
          [,1]
X0 39.333333
X1  4.250000
X2  4.083333
```

(R 코드 설명)

- 주어진 행렬에 대한 전치행렬은 t 함수를, 역행렬은 solve 함수를 이용하여 구할 수 있으며, 행렬에서의 곱셈은 연산자 '%*%'를 사용한다.
- b는 $(\boldsymbol{X}'\boldsymbol{X})^{-1}\boldsymbol{X}'\boldsymbol{y}$의 값을 출력해준다.

(결과 해석) 정규방정식을 이용하여 회귀계수를 추정하면

$$\boldsymbol{b} = (\boldsymbol{X}'\boldsymbol{X})^{-1}\boldsymbol{X}'\boldsymbol{y} = \begin{pmatrix} 39.333 \\ 4.250 \\ 4.083 \end{pmatrix}$$

이 되고, 여기서 $b_0 = 39.333$, $b_1 = 4.250$, $b_2 = 4.083$이므로 추정된 회귀식은 다음과 같게 된다.

$$\hat{Y} = 39.333 + 4.250X_1 + 4.083X_2$$

❖

(R 코드 : 적합성 검정을 위한 F값, $P-$값, R^2의 계산)

```
> Yhat = X%*%b  # Y의 추정값을 계산
> SSE = t(Y-Yhat)%*%(Y-Yhat)
> SST = t(Y-mean(Y))%*%(Y-mean(Y))
> SSR = t(Yhat-mean(Y))%*%(Yhat-mean(Y))
> MSR = SSR / 2  # k=2임
> MSE = SSE / 3  # n-k-1=3임
> F = MSR / MSE; F
          [,1]
 [1,] 106.9397
> pvalue = 1-pf(F, 2,3); pvalue
            [,1]
  [1,] 0.001626877
> Rsquared = SSR / SST
> Rsquared
          [,1]
 [1,] 0.9861674
```

(결과 해석) 검정통계량 F_0의 값은 106.9397이고, 이때의 $P-$값은 0.0016으로 유의수준 $\alpha = 0.05$보다 작기 때문에 추정된 회귀식은 유의하다고 할 수 있다. 결정계수 R^2의 값도 거의 1에 가까운 0.9861로 매우 높은 것으로 나타났다. ❖

※ R에서 제공하는 lm 함수를 이용하고자 할 경우에는 다음과 같이 간단하게 R코드를 작성하면 된다.

```
> result = lm(Y~X1+X2)
> summary(result)
> anova(result)
```

이때 summary(result) 함수는 회귀계수의 추정값과 각 회귀계수에 대한 검정 결과를 출력해 주며, anova(result) 함수는 분산분석표를 출력해 준다.

(R 코드 : 추정된 회귀식을 이용한 예측값 출력)

```
> result = lm(Y ~ X1 + X2)
> x0 = data.frame(X1=5, X2=6)
> predict(result, x0)
         1
85.08333
> x0 = data.frame(X1=10, X2=4)
> predict(result, x0)
         1
98.16667
```

(R코드 설명)

○ 추정된 회귀식을 이용하여 어떤 특정한 독립변수값에 대한 예측값을 구하기 위해서 predict 함수를 이용하면 된다(predict 함수의 사용법은 2장 〈실습 2.2〉를 참고하기 바람). 여기서는 독립변수의 개수가 둘이므로 두 개의 변수가 있는 데이터 프레임을 만들어 사용하였다.

(결과 해석) 출력 결과로부터 $x_1=5$, $x_2=6$일 때의 예측값 $\hat{y}$은 85.08, $x_1=10$, $x_2=4$일 때의 $\hat{y}$은 98.17이 됨을 알 수 있다. ❖

3.4 회귀계수의 검정

중선형회귀모형에서 어떤 특정한 독립변수 X_i를 포함시키거나 또는 제외시키는 것은 회귀분석결과에 중대한 영향을 미치므로 신중히 결정해야만 한다. 중선형회귀분석에서 개별 회귀계수 β_i에 대한 유의성 검정은 회귀계수 β_i의 추정량 b_i의 표본분포를 이용한다.

중선형회귀모형 $\boldsymbol{y}=\boldsymbol{X}\beta+\epsilon$에서 최소제곱법에 의한 회귀계수 β의 추정량 $\boldsymbol{b}$는 평균과 분산이 각각

$$E(b)=E[(\boldsymbol{X}'\boldsymbol{X})^{-1}\boldsymbol{X}'\boldsymbol{y}]=\beta$$

$$V(b)=V[(\boldsymbol{X}'\boldsymbol{X})^{-1}\boldsymbol{X}'\boldsymbol{y}]=(\boldsymbol{X}'\boldsymbol{X})^{-1}\sigma^2$$

$$\text{여기서 } (\boldsymbol{X}'\boldsymbol{X})^{-1}=\begin{pmatrix} c_{00} & c_{10} & \cdots & c_{k0} \\ c_{01} & c_{11} & \cdots & c_{k1} \\ & & \vdots & \\ c_{0k} & c_{1k} & \cdots & c_{kk} \end{pmatrix}\sigma^2$$

인 정규분포를 따르며, 각각의 독립변수 X_i에 대한 회귀계수 β_i의 분산은 $V(b_i)=(c_{ii})\sigma^2$이다. σ^2이 알려져 있지 않을 경우 이의 추정량인 MSE를 사용한 통계량

$$T_0=\frac{b_i-\beta_i}{\sqrt{c_{ii}MSE}}$$

가 회귀계수 β_i에 대한 검정을 하기 위한 검정통계량으로 사용되며, 이때 검정통계량 T_0는 자유도 $n-k-1$ 인 t 분포를 따른다.

[회귀계수 β_i의 검정]

- 가설: $H_0 : \beta_i = 0, \quad H_1 : \beta_i \neq 0$
- 검정통계량: $T_0 = \dfrac{b_i - \beta_i}{\sqrt{c_{ii} MSE}}$
- 계산된 검정통계량의 값을 t_0라고 할 때 주어진 유의수준 α에서 $|t_0| \geq t_{\alpha/2}(n-k-1)$ 또는 P-값$= P(|T_0| \geq t_0) < \alpha$이면, H_0를 기각 그렇지 않으면 H_0를 채택

실습 3.2 〈표 3.3〉은 철강의 강도(Y)가 온도(X_1)와 압력(X_2)의 영향을 받고 있는지에 대한 실험으로부터 얻은 자료이다. 적합한 중회귀식을 추정한 후, 독립변수 X_1를 회귀모형에 포함하는 것이 적절한지에 대한 여부를 유의수준 $\alpha = 0.05$로 검정해 보도록 하자.

〈표 3.3〉 온도와 압력의 변화에 따른 철강의 강도

강도(kg/㎠)	온도(℃)	압력(psi)
81.4	195	57
122.2	179	61
101.7	205	60
175.6	204	62
150.3	201	61
64.8	184	54
92.1	210	58
113.8	209	61

(R 코드 : 자료의 입력)

```
> X0 = rep(1,8)
> X1 = c(195, 179, 205, 204, 201, 184, 210, 209)
> X2 = c(57, 61, 60, 62, 61, 54, 58, 61)
> X = cbind(X0, X1, X2)
> Y = c(81.4, 122.2, 101.7, 175.6, 150.3, 64.8, 92.1, 113.8)
```

(R 코드 : 행렬을 이용한 회귀식의 추정)

```
> b=solve(t(X)%*%X)%*%t(X)%*%Y
> b
            [,1]
X0 -554.3112232
X1   -0.1797396
X2   11.8599927
```

(결과 해석) 출력 결과에서 $b_0 =-554.311$, $b_1 =-0.179$, $b_2 = 11.859$이므로 추정된 회귀식은 다음과 같게 된다.

$$\hat{Y}=-554.311-0.179X_1+11.859X_3$$

❖

(R 코드 : H_0 : $\beta_1 = 0$에 대한 검정)

```
> invXX = solve(t(X)%*%X); invXX
              X0           X1           X2
X0 82.8749894 -0.134598917 -0.945973490
X1 -0.1345989  0.001242266 -0.001887521
X2 -0.9459735 -0.001887521  0.022285408
> Yhat = X%*%b
> SSE = t(Y-Yhat)%*%(Y-Yhat)
> MSE = SSE/5
> T0 = b[2]/sqrt(invXX[2,2]*MSE); T0
           [,1]
  [1,] -0.2356848
> pvalue = 2*pt(T0, 5); pvalue
           [,1]
 [1,] 0.8230267
```

(R 코드 설명)

◦ invXX는 $(\boldsymbol{X}'\boldsymbol{X})^{-1}$를, T0는 가설 $H_0 : \beta_1 = 0$, $H_1 : \beta_1 \neq 0$를 검정하기 위한 검정통계량의 값을, pvalue는 $P-$값을 계산하기 위한 R 코드이다.

(결과 해석) 계산된 검정통계량 T_0의 값은 -0.2356이고, 이때의 $P-$값은 0.8230이므로 귀무가설 H_0는 기각되지 않는다. 즉, '독립변수 X_1을 모형 속에 포함시키지 않는 것이 바람직하다'고 할 수 있다. ❖

3.5 질적변수를 포함할 경우의 중선형회귀모형

지금까지 회귀분석에서 사용된 독립변수는 양적변수로서 양적으로 측정이 가능한 경우이었다. 그러나 분석하고자 하는 변수가 성별, 인종, 학력수준, 직업 등과 같은 질적변수일 경우가 있다. 이러한 질적변수가 독립변수 중에 포함되어 있을 경우에는 지시변수(indicator variable)를 사용하여야 한다.

3.5.1 질적변수의 수준이 둘일 경우

(1) 교호작용항을 포함하지 않을 경우

예를 들어 사람들의 키(X_1)와 몸무게(Y)간의 관계를 알아보고자 할 때 성별에 따라 자료를 조사하였다고 하자. 이때 질적변수인 성별을 나타내기 위한 지시변수로서

$$X_2 = \begin{cases} 0, & \text{여자} \\ 1, & \text{남자} \end{cases}$$

를 사용하며, 이러한 질적변수를 포함하는 회귀모형은 다음과 같게 된다.

$$Y = \beta_0 + \beta_1 X_1 + \beta_2 X_2 + \epsilon$$

여기서 여자와 남자 각각에 대한 회귀모형 즉, $X_2 = 0$와 $X_2 = 1$일 때의 모형은

- 여자에 대한 회귀모형 : $Y = \beta_0 + \beta_1 X_1 + \beta_2 (0) + \epsilon = \beta_0 + \beta_1 X_1 + \epsilon$
- 남자에 대한 회귀모형 : $Y = \beta_0 + \beta_1 X_1 + \beta_2 (1) + \epsilon = (\beta_0 + \beta_2) + \beta_1 X_1 + \epsilon$

이 된다. 이때 회귀모형의 기대값을 반응함수(response function)라 하며, 여자와 남자의 반응함수는 다음과 같게 된다.

- 여자에 대한 반응함수 : $E(Y) = \beta_0 + \beta_1 X_1$
- 남자에 대한 반응함수 : $E(Y) = (\beta_0 + \beta_2) + \beta_1 X_1$

두 반응함수는 〈그림 3.1〉에서 보는 바와 같이 동일한 기울기(β_1)을 가지며, 단지 절편에서 β_2만큼 차이가 나는데 이때의 β_2는 남자와 여자간의 평균키의 차이를 의미하게 된다.

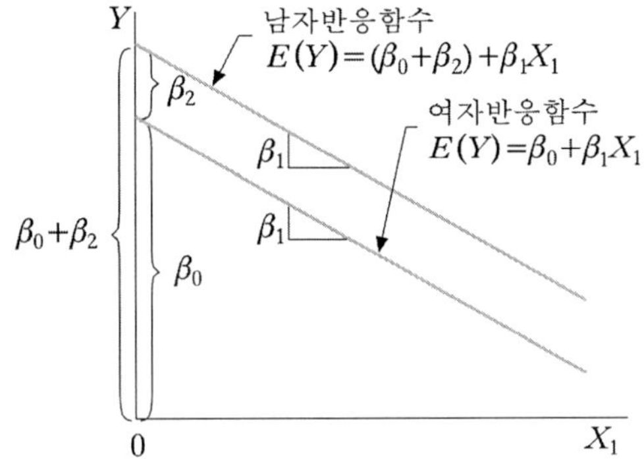

〈그림 3.1〉 남녀 반응함수의 비교

실습 3.3 A자동차 대리점에서 근무하는 영업사원이 작년 한 해 동안 판매한 자동차 대수를 조사한 결과가 〈표 3.4〉와 같다고 하자. 이때 자동차 판매 대수를 종속변수(Y), 교육기간(X_1)과 성별(X_2)을 독립변수로 한 중선형회귀분석을 해보도록 하자. 〈표 3.4〉에서 $X_2 = 0$은 여자, $X_2 = 1$은 남자를 나타낸다.

〈표 3.4〉 성별과 교육기간에 따른 자동차 판매 대수(A자동차)

Y	X_1	X_2	Y	X_1	X_2
17	151	0	28	164	1
26	92	0	15	272	1
21	175	0	11	295	1
30	31	0	38	68	1
22	104	0	31	85	1
0	277	0	21	224	1
12	210	0	20	166	1
19	120	0	13	305	1
4	290	0	30	124	1
16	238	0	14	246	1

(R 코드 : 자료의 입력)

```
> Y = c(17,26,21,30,22,0,12,19,4,16,28,15,11,38,31,21,20,13,30,14)
> X1 = c(151,92,175,31,104,277,210,120,290,238,164,272,295,68,85,224,
166,305,124,246)
> X2 = c(rep(0,10), rep(1,10))
> X2 = as.factor(X2)
```

(R 코드 설명)

○ 회귀모형속에 질적변수가 포함되어 있을 경우 as.factor 함수를 사용하여 질적변수임을 명시해 주어야 한다. 여기서는 X_2가 질적 변수이기 때문에 X2 = as.factor(X2)라는 R 코드가 사용되었다.

(R 코드 : 회귀식의 추정과 검정)

```
> result = lm(Y ~ X1 + X2)
> summary(result)
Coefficients:
              Estimate Std. Error t value Pr(>|t|)
(Intercept)  33.874069   1.813858  18.675 9.15e-13 ***
X1           -0.101742   0.008891 -11.443 2.07e-09 ***
X21           8.055469   1.459106   5.521 3.74e-05 ***
Residual standard error : 3.221 on 17 degrees of freedom
Multiple R-squared : 0.8951,    Adjusted R-squared : 0.8827
F-statistic :  72.5 on 2 and 17 DF,  p-value : 4.765e-09
```

(R 코드 설명)

- R에서 제공하는 lm 함수를 이용하여 중선형회귀분석을 실행하였으며, summary 함수를 사용하여 회귀계수의 추정값과 검정 결과가 출력되도록 하였다.

(결과 해석) 추정된 회귀식은 $\hat{Y}=33.8741-0.1017X_1+8.0554X_2$이다. 회귀모형의 적합성 검정을 위한 검정통계량 F_0의 값은 72.5이고, 이때의 $P-$값은 4.77×10^{-9}으로 매우 유의하다고 할 수 있다. 그리고 회귀계수 β_1과 β_2에 대한 $t-$검정 결과를 보면 각각의 검정통계량의 값은 -11.443과 5.521이며, 이때의 $P-$값은 2.07×10^{-9}과 3.74×10^{-5}으로 매우 유의한 것으로 나타났다.

※ 회귀계수의 추정값에서 $b_1=-0.1017$이라는 것은 교육을 받은 기간이 긴 사원일수록 실적건수가 오히려 적어진다는 것을, $b_2=8.0554$라는 것은 남자가 여자보다 평균적으로 약 8건 실적이 많다는 것을 의미한다. ❖

※ 여자와 남자 각각에 대한 추정된 회귀식은

- 여자 : $\hat{Y} = 33.8741 - 0.1017X_1$
- 남자 : $\hat{Y} = (33.8741 + 8.0554) - 0.1017X_1 = 41.9295 - 0.1017X_1$

이며, 이를 그리기 위한 R 코드는 다음과 같이 작성하면 된다.

(R 코드 : 반응함수 그리기)

```
>plot(X1[1:10], Y[1:10], main="남녀 반응함수의 비교", xlab="교육기간", ylab="영업실적
건수", ylim=c(0, 45), xlim=c(0, 310))
>abline(33.8741, -0.1017)
>for(i in 11:20){
+points(X1[i], Y[i], pch=19)
>}
>abline(42.9295, -0.1017, col="red", lty="dashed")
```

(R 코드 설명)

- plot 함수에서 'X1[1:10], Y[1:10]'은 X1과 Y에서 첫 번째부터 10번째까지의 관측값을 xy-평면상에 ○로 표시하라는 의미이며, main은 산점도의 제목을, xlab와 ylab는 x축과 y축의 제목을, ylim와 xlim는 y축과 x축의 범위를 지정하기 위하여 사용되었다.
- 함수 abline(33.8741, −0.1017)은 여자에 대한 반응함수를 그리기 위하여 사용되었다.
- point 함수는 이미 출력되어 있는 산점도상에 관측값을 특정한 형태로 표시하고자 할 경우에 사용된다. 여기서 R 코드

```
 for(i in 11:20){
+points(X1[i], Y[i], pch=19)
>}
```

는 11번째부터 20번째까지의 관측값들을 ●로 나타내기 위하여 사용되었다. 명령어 pch를 사용하지 않으면 디폴트로 관측값은 'pch=21'인 ○로 표시된다.

- 함수 abline(42.9295, −0.1017)은 남자에 대한 반응함수를 그리기 위하여 사용되었으며, 이때 col="red"은 선의 색깔을 붉은색으로, lty="dashed"는 점선으로 나타내기 위하여 사용되었다. 구체적인 사항에 대해서는 1장의 〈표 1.2〉를 참고하기 바란다.

※ 동일한 내용을 반복적으로 수행할 때 사용되는 제어문을 반복 제어문이라 하며, 일반적으로 for문과 while문이 많이 사용된다. for문과 while문의 사용 형식은 〈그림 3.2〉와 같다. for문에서 index는 임의로 지정할 수 있는 지표변수를 의미하며, 이 지표변수가 반복되는 동안에 괄호 { } 안의 문장들을 실행하게 되며, while문에서는 조건이 참일 동안 괄호 { } 안의 문장들을 실행하게 된다.

for 문	While 문
for(index in 반복조건) {index가 반복조건을 만족할 때 실행}	While(조건) … 조건이 참일 때 실행}

〈그림 3.2〉 반복 제어문의 형태

for문 사용 예) 1부터 10까지 더하기

```
> result = 0
> for(i in 1:10){
> result = result + i
> }
> result
[1] 55
```

(R 코드 : 그림에 범례 표시하기)

```
>levels(X2) = c("여자", "남자")
>legend(250, 40, legend=levels(X2), pch=c(21,19))
```

(R 코드 설명)

- levels(X2) = c("여자", "남자")는 질적변수 X2의 두 범주(0은 여자, 1은 남자)를 표현하기 위한 R 코드이다.
- 〈그림 3.3〉에서와 같이 범례를 만들고자 할 때 사용되는 함수는 legend이다. legend(250, 40, legend=levels(X2), pch=c(21,19))에서 '250과 40'은 범례가 표시될 좌표 위치(오른쪽 상단)를 나타내고, legend는 범례에 사용되는 변수를 지정하기 위하여 사용되었다. 여기서는 X2가 질적변수이므로 legend=levels(X2)와 같이 입력하였다. 그리고 그림에서 여자는 ○으로, 남자는 ●로 표시하기 위하여 명령어 pch=c(21,19)를 사용하였다. ❖

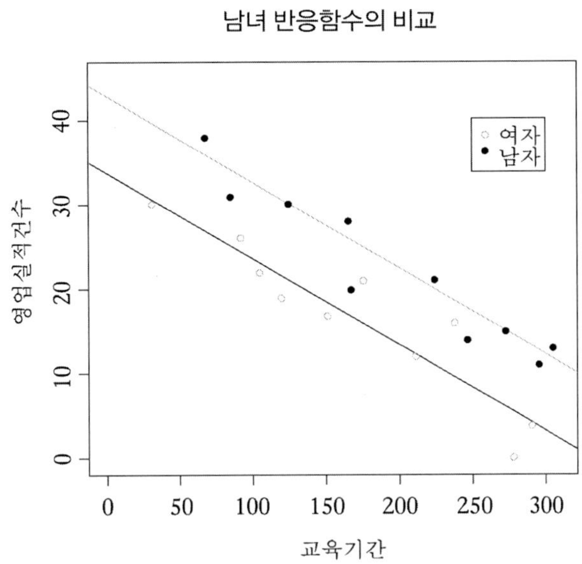

〈그림 3.3〉 남녀 반응함수의 비교

(2) 교호작용항을 포함할 경우

앞에서 설정된 회귀모형은 X_1과 X_2의 교호작용(interaction)효과에 대한 항을 포함하지 않았다. 만약 교육기간(X_1)이 성별(X_2)에 따라 차이가 있다면, 두 변수X_1과 X_2 사이에는 교호작용이 존재하게 되고, 이러한 경우에는 다음과 같은 중선형회귀모형을 사용해야 한다.

$$Y = \beta_0 + \beta_1 X_1 + \beta_2 X_2 + \beta_3 X_1 X_2 + \epsilon$$

이때 반응함수는

$$E(Y) = \beta_0 + \beta_1 X_1 + \beta_2 X_2 + \beta_3 X_1 X_2$$

가 되며, 남녀 각각에 대한 반응함수는 다음과 같게 된다.

- 여자에 대한 반응함수 : $E(Y)=\beta_0+\beta_1X_1$
- 남자에 대한 반응함수 : $E(Y)=(\beta_0+\beta_2)+(\beta_1+\beta_3)X_1$

두 반응함수를 비교해 보면 절편과 기울기에서 각각 β_2, β_3만큼 차이가 난다. 그리고 교호작용이 존재할 경우는 교호작용이 존재하지 않을 경우에 비하여 기울기에서 β_3만큼 차이가 존재하게 되는 것이다. 교호작용이 존재할 경우의 두 반응함수를 그림으로 나타내면 〈그림 3.4〉와 같다.

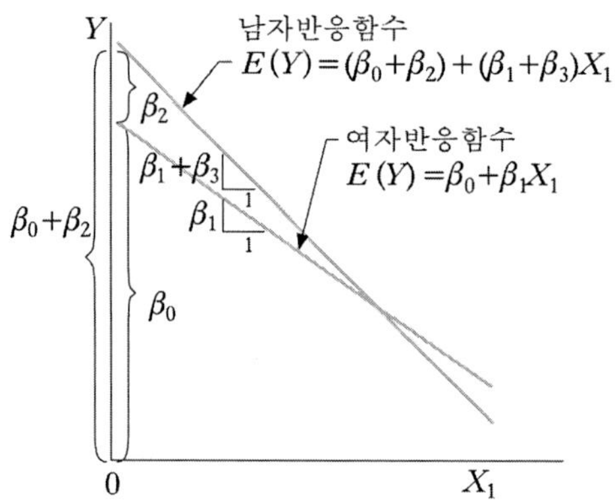

〈그림 3.4〉 교호작용이 있는 경우의 두 반응함수의 비교

실습 3.4 〈표 3.4〉에 주어진 자료에 교호작용항을 포함한 중선형회귀모형을 적합시켜보도록 하자.

(R 코드 : 교호작용항을 포함할 경우의 회귀분석)

```
> result = lm(Y ~ X1 + X2 + X1*X2)
> summary(result)
Coefficients:
               Estimate Std. Error t value Pr(>|t|)
(Intercept) 33.8383695  2.4406498  13.864 2.47e-10 ***
X1          -0.1015306  0.0130525  -7.779 7.97e-07 ***
X21          8.1312501  3.6540517   2.225   0.0408 *
X1:X21      -0.0004171  0.0183312  -0.023   0.9821

Residual standard error : 3.32 on 16 degrees of freedom
Multiple R-squared : 0.8951,     Adjusted R-squared : 0.8754
F-statistic : 45.49 on 3 and 16 DF,  p-value : 4.675e-08
```

(R 코드 설명)

○ 교호작용항을 회귀모형에 포함시킬 경우 lm 함수에 교호작용항 X1*X2를 추가하면 된다.

(결과 해석) 교호작용항이 포함된 모형의 적합성 여부에 대한 회귀분석 결과 검정통계량 F_0의 값은 45.49이고, 이때의 $P-$값은 4.675×10^{-8}으로 매우 유의한 것으로 나타났다. 하지만 교호작용항의 회귀계수에 대한 $t-$검정 결과를 보면, 검정통계량의 값은 −0.023, 그리고 이때의 $P-$값은 0.9821로 유의하지 않은 것으로 나타났다. 따라서 여기서는 성별에 따른 교호작용 효과가 없기 때문에 회귀모형속에 교호작용항을 포함시키지 않는 것이 바람직하다. ❖

실습 3.5 B자동차 대리점에서 근무하는 영업사원들이 작년 한 해 동안 판매한 자동차 대수는 〈표 3.5〉와 같다고 한다. 자동차 판매 대수를 종속변수(Y), 교육기간(X_1)과 성별(X_2)을 독립변수로 놓고 교호작용항을 고려한 중선형회귀분석을 해보도록 하자. 〈표 3.5〉에서 $X_2=0$는 여자, $X_2=1$은 남자를 나타낸다.

〈표 3.5〉 성별과 교육기간에 따른 자동차 판매 대수(B자동차)

Y	X_1	X_2	Y	X_1	X_2
17	151	0	28	164	1
26	92	0	15	272	1
21	175	0	11	295	1
30	31	0	38	68	1
22	104	0	31	85	1
23	277	0	21	224	1
24	210	0	20	166	1
21	120	0	13	305	1
25	290	0	30	124	1
22	238	0	14	246	1

(R 코드 : 자료의 입력)

```
> Y = c(17,26,21,30,22,23,24,21,25,22,28,15,11,38,31,21,20,13,30,14)
> X1 = c(151,92,175,31,104,277,210,120,290,238,164,272,295,68,85,224,166,305,124,246)
> X2 = c(rep(0,10), rep(1,10))
> X2 = as.factor(X2)
```

(R 코드 : 회귀분석)

```
> result = lm(Y ~ X1 + X2 + X1*X2)
> summary(result)
Coefficients:
               Estimate Std. Error t value Pr(>|t|)
(Intercept) 24.98821    2.36845  10.550 1.30e-08 ***
X1          -0.01119    0.01267  -0.883 0.390245
X2남자      16.98141    3.54596   4.789 0.000201 ***
X1:X2남자   -0.09076    0.01779  -5.102 0.000107 ***

Residual standard error : 3.222 on 16 degrees of freedom
Multiple R-squared : 0.8093,     Adjusted R-squared : 0.7735
F-statistic : 22.63 on 3 and 16 DF,  p-value : 5.331e-06
```

(결과 해석) 교호작용항이 추가된 모형의 적합성 여부에 대한 회귀분석 결과, 검정통계량 F_0의 값은 22.63이고, 이때의 $P-$값은 5.331×10^{-6}으로 매우 유의한 것으로 나타났다. 교호작용항의 회귀계수에 대한 $t-$검정 결과를 보면, 검정통계량 T_0의 값은 -5.102, 그리고 이때의 $P-$값은 0.0001로 매우 유의한 것으로 나타났다. 따라서 여기서는 성별에 따른 교호작용 효과가 있기 때문에 회귀모형속에 교호작용항을 포함시키는 것이 바람직하다고 할 수 있다. ❖

(R 코드 : 반응함수 그리기)

```
> plot(X1[1:10], Y[1:10], main="남녀 반응함수의 비교", xlab="교육기간",
  ylab="영업실적건수", ylim=c(0,45), xlim=c(0,310))
> abline(24.9882, -0.0112)
> for(i in 11:20){
+ points(X1[i], Y[i], pch=19)
+ }
> abline(41.9696, -0.1019, col="red", lty = "dashed")
> levels(X2) = c("여자", "남자")
> legend(250, 40, legend=levels(X2), pch=c(21,19))
```

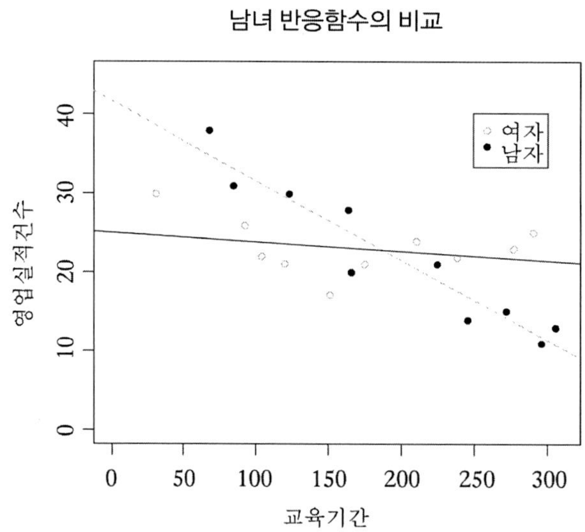

〈그림 3.5〉 교호작용이 있는 경우의 남녀 반응함수의 비교

3.5.2 질적변수의 수준이 셋일 경우

(1) 교호작용항을 포함하지 않을 경우

질적변수의 수준수가 A, B, C 3개일 경우에는 두 개의 지시변수를 사용하여 이들 모두를 표현할 수 있다.[8] 즉,

$$\begin{cases} X_2 = 0, X_3 = 0 : & \text{수준 } A\text{일 경우} \\ X_2 = 1, X_3 = 0 : & \text{수준 } B\text{일 경우} \\ X_2 = 0, X_3 = 1 : & \text{수준 } C\text{일 경우} \end{cases}$$

따라서 회귀모형은 다음과 같이 표현되고

$$Y = \beta_0 + \beta_1 X_1 + \beta_2 X_2 + \beta_3 X_3 + \epsilon$$

이때의 반응함수는 다음과 같게 된다.

$$E(Y) = \beta_0 + \beta_1 X_1 + \beta_2 X_2 + \beta_3 X_3$$

여기서 각 회귀계수의 의미는 3 수준 각각에 대한 반응함수를 비교해 봄으로써 알 수 있다.

- 수준 A 일 경우 : $E(Y) = \beta_0 + \beta_1 X_1$
- 수준 B 일 경우 : $E(Y) = (\beta_0 + \beta_2) + \beta_1 X_1$
- 수준 C 일 경우 : $E(Y) = (\beta_0 + \beta_3) + \beta_1 X_1$

---

8) 일반적으로 질적변수의 수준이 p개이면 회귀모형 속에는 $p-1$개의 지시변수가 사용된다.

각 수준에 대한 반응함수들을 상호 비교해 보면 3 수준 모두 기울기는 β_1으로 동일하나 절편에서는 β_2와 β_3에 의하여 차이가 존재하고 있다. 즉, 수준 A와 B는 β_2만큼, 수준 A와 C는 β_3만큼, 그리고 수준 B와 C는 $\beta_3 - \beta_2$만큼 차이가 있다. 이로부터 회귀계수 β_2와 β_3는 각 수준간의 차이를 나타내어 주는 값이 된다는 것을 알 수 있다.

(2) 교호작용항을 포함할 경우

질적변수 사이에 교호작용이 존재한다고 가정할 경우, 중선형회귀모형은 다음과 같이 표현된다.

$$Y = \beta_0 + \beta_1 X_1 + \beta_2 X_2 + \beta_3 X_3 + \beta_4 X_1 X_2 + \beta_5 X_1 X_3 + \epsilon$$

이때 각 수준에 따른 반응함수는 다음과 같으며, 이들을 서로 비교하면 각 수준간의 차이를 알 수 있다.

- 수준 A일 경우 : $E(Y) = \beta_0 + \beta_1 X_1$
- 수준 B일 경우 : $E(Y) = (\beta_0 + \beta_2) + (\beta_1 + \beta_4) X_1$
- 수준 C일 경우 : $E(Y) = (\beta_0 + \beta_3) + (\beta_1 + \beta_5) X_1$

3.6 회귀모형의 진단

3.6.1 다중공선성

독립변수가 두 개 이상인 중선형회귀분석에서 독립변수들 간에 어느 정도 관련성이 있을 것이라는 것은 예상할 수 있다. 하지만 그 관련성의 정도가 클 경우 회귀분석 결과를 해석함에 있어서 심각한 오류를 범하기 쉽다. 독립변수들 사이에 선형적인 종속관계가 존재할 경우 '다중공선성(multicollinearity)이 존재한다'고 한다.

일반적으로 다중공선성이 존재할 때 변수를 추가한다던지 또는 제외시킬 경우 추정되는 회귀계수의 값이 크게 변하거나 부호가 상반되게 나타나는 현상이 발생하며, 심지어 모형의 적합성에 대한 $F-$검정에서 검정 결과가 유의함에도 불구하고 추정된 회귀계수 각각에 대한 검정에서는 유의하지 않게 나타나는 경우가 발생하기도 한다.[9] 따라서 다중공선성이 존재하게 되면 회귀분석 결과에 대한 정확한 해석이 불가능하게 될 뿐만 아니라 추정된 회귀식을 예측에 사용할 수 없게 된다.

다중공선성을 진단하는 가장 간단한 방법은 독립변수들간의 상관관계를 조사하는 것이다. 일반적으로 독립변수들간의 상관계수가 대략 0.8이상으로 높을 경우 다중공선성이 존재한다고 판단한다. 그러나 상관계수에 의해서 판단되지 않으면서도 심각한 다중공선성이 존재하는 경우도 있다. 이러한 경우에는 공차한계 또는 분산팽창인자를 계산한다던지, 행렬 $\boldsymbol{X}'\boldsymbol{X}$의 구조를 분석하여 다중공선성을 진단한다.

9) 결정계수 R^2의 값이 큰 반면에 추정된 대부분의 회귀계수가 유의하지 않는 경우가 다중공선성 발생의 대표적인 경우가 된다.

(1) 공차한계

공차한계(tolerance : T로 표기)는 다중공선성을 점검하기 위해 가장 많이 사용되는 지표로서 i번째 변수의 공차한계는 $1-R_i^2$으로 정의된다. 여기서 R_i^2은 i번째 독립변수를 종속변수로 하고 나머지 독립변수들을 독립변수로 한 회귀분석을 실시하였을 경우의 결정계수를 의미한다. 따라서 공차한계는 한 독립변수가 다른 독립변수에 의해서 설명되지 않는 부분을 나타내게 되고, 결과적으로 R_i^2의 값이 클수록 공차한계의 값은 작아진다. 공차한계의 값이 작다는 것은 i번째 변수가 다른 독립변수에 의하여 설명되는 정도가 크다는 것을 의미하기 때문에 다중공선성이 높다고 이야기하게 되는 것이다. 공차한계의 최대값은 1이며, 일반적으로 0.10이하이면 다중공선성이 존재한다고 판단한다.

(2) 분산팽창인자

분산팽창인자(variance inflation factor : VIF로 표기)는 공차한계의 역수로 정의되며 VIF의 값이 클수록 독립변수들간의 다중공선성이 높음을 의미한다. 분산팽창인자가 10이상이면 다중공선성이 존재한다고 판정한다.[10)]

[공차한계와 분산팽창인자]

$$\text{공차한계}: T_i = 1 - R_i^2 \qquad \text{분산팽창인자}: VIF_i = \frac{1}{1-R_i^2}$$

여기서 R_i^2은 i번째 독립변수를 종속변수로, 나머지 독립변수들을 독립변수로 한 회귀분석에서 얻어지는 결정계수를 의미함.

---

10) 분산팽창인자는 독립변수들이 상관관계를 가지고 있지 않을 때에 비하여 추정된 회귀계수의 분산들이 얼마만큼 팽창되는가의 정도를 나타내는 측도이다.

(3) 행렬 $X'X$의 구조 분석

다중공선성의 정도는 행렬 $\boldsymbol{X}'\boldsymbol{X}$의 고유값 $\lambda_1, \lambda_2, \cdots, \lambda_k$을 이용하여 진단할 수 있다.[11] 즉, 행렬 $\boldsymbol{X}'\boldsymbol{X}$의 고유값들 중 최대값을 각 고유값으로 나눈 후의 제곱근 $\sqrt{\lambda_{\max}/\lambda_i}$을 조건지수(condition number)라 하는데 이 값이 클수록 다중공선성의 정도가 크다는 것을 뜻한다. 명확한 기준은 없으나 조건지수의 최대값이 10을 넘으면 일단 다중공선성을 의심해 볼 필요가 있으며, 100을 넘어서면 심각한 다중공선성이 존재하는 증거로 받아들이게 된다.

독립변수들간에 심각한 다중공선성이 존재하면 추정된 회귀식은 그 가치를 잃어버리게 된다. 즉, 회귀분석 결과에 대한 올바른 해석도 불가능할 뿐만 아니라, 추정된 회귀식을 이용한 예측은 왜곡된 결과를 가져오게 한다. 다중공선성이 존재할 경우에는 상관관계가 높은 독립변수들 중에서 한 변수를 제거하고 다시 모형을 추정하거나 능형회귀(ridge regression) 또는 주성분회귀(principal components regression) 등의 방법을 사용하여 해결할 수 있다. 실질적으로 많이 사용되는 방법은 변수의 제거법이지만 이때 종속변수에 영향을 미치는 회귀변수가 제거되므로 모형의 예측에 좋지 않은 영향을 미칠 수도 있음에 유의하여야 한다.

실습 3.6 사람 몸의 지방량(fat) Y와 삼두근의 두께(triceps) X_1, 허벅다리의 둘레(tight) X_2, 그리고 팔목의 둘레(wrist) X_3 간의 관계를 분석하기 위해 25세에서 34세 사이의 건강한 여자 20명을 랜덤으로 추출하여 〈표 3.6〉과 같은 자료를 얻었다. 이를 이용하여 다중공선성 존재 여부를 검토해 보도록 하자(단, 자료는 파일 health.csv에 저장되어 있으며 교우사 홈페이지(www.kyowoo.co.kr)에서 다운로드 받을 수 있다).

---

11) $\lambda_1, \lambda_2, \cdots, \lambda_k$의 합은 항상 k가 되며, 다중공선성이 존재할 경우 고유값 중에는 0에 가까운 값이 적어도 하나 존재하게 된다.

〈표 3.6〉 25세~34세 여자의 지방량, 삼두근 두께, 허벅다리와 팔목의 둘레

fat	triceps	tight	wrist	fat	triceps	tight	wrist
11.9	19.5	43.1	29.1	25.4	31.1	56.6	30.0
22.8	24.7	49.8	28.2	27.2	30.4	56.7	28.3
18.7	30.7	51.9	37.0	11.7	18.7	46.5	23.0
20.1	29.8	54.3	31.1	17.8	19.7	44.2	28.6
12.9	19.1	42.2	30.9	12.8	14.6	42.7	21.3
21.7	25.6	53.9	23.7	23.9	29.5	54.4	30.1
27.1	31.4	58.5	27.6	22.6	27.7	55.3	25.7
25.4	27.9	52.1	30.6	25.4	30.2	58.6	24.6
21.3	22.1	49.9	23.2	14.8	22.7	48.2	27.1
19.3	25.5	53.5	24.8	21.1	25.2	51.0	27.5

(R 코드 : 자료 읽어 들이기와 독립변수들간의 상관계수 출력)

```
> health = read.csv("health.csv", header=T)
> attach(health)
> X = cbind(triceps,tight,wrist)
> cor(X)
          triceps     tight     wrist
triceps 1.0000000 0.9238425 0.4577772
tight   0.9238425 1.0000000 0.0846675
wrist   0.4577772 0.0846675 1.0000000
> pairs(X)
```

(R 코드 설명)

- 파일 'health.csv'에 저장되어 있는 자료를 health라는 이름의 데이터 프레임으로 읽어 들이기 위해서 read.csv 함수를 사용한다.[12] read.csv 함수에서 첫 번째 인자

는 파일명이고, 두 번째 인자는 첫 행을 변수명으로 읽어 들일지 자료값으로 읽어 들일지를 지정하며, 변수명일 경우에는 header=T, 자료값일 경우에는 header=F라고 입력하면 된다.

○ 읽어 들인 자료는 데이터 프레임 health에 저장된다. 그리고 데이터 프레임에 있는 변수들을 프로그램 상에서 자료로 이용하기 위해서는 '데이터 프레임명$변수명' 또는 '데이터 프레임명[,열번호]' 형식을 사용하는데 여기서 열번호는 데이터 프레임상에서 사용하고자 하는 해당 변수의 열의 위치를 말한다. 위의 경우에 데이터 프레임 health의 triceps 변수를 사용하기 위해서는 'health$triceps' 또는 triceps변수가 health에서 2번째 열이므로 'health[,2]'라고 하면 된다. 그러나 이러한 방식은 불편하므로 attach 함수를 이용하면 보다 편리하게 데이터 프레임 내의 변수들을 자료로 사용할 수 있다. attach 함수의 사용 형식은 attach(데이터 프레임명)이며, 여기서는 데이터 프레임의 이름이 health이므로 attach(health)와 같이 작성하면 된다.

○ cbind 함수를 이용하여 독립변수에 대한 자료만을 X라는 이름으로 저장한 후, cor 함수를 이용하여 독립변수들 간의 상관계수값이 출력되도록 하였다.

○ pairs 함수는 독립변수들 간의 산점도를 동시에 그리기 위하여 사용되었으며 그 결과는 〈그림 3.6〉과 같다. 이들 산점도로부터 독립변수들 간의 관계를 개략적으로 파악할 수 있다.

12) 파일을 읽어 들이기 위해서는 현재 R 프로그램이 실행 중인 폴더에 읽어 들이고자 하는 파일이 있어야 한다.

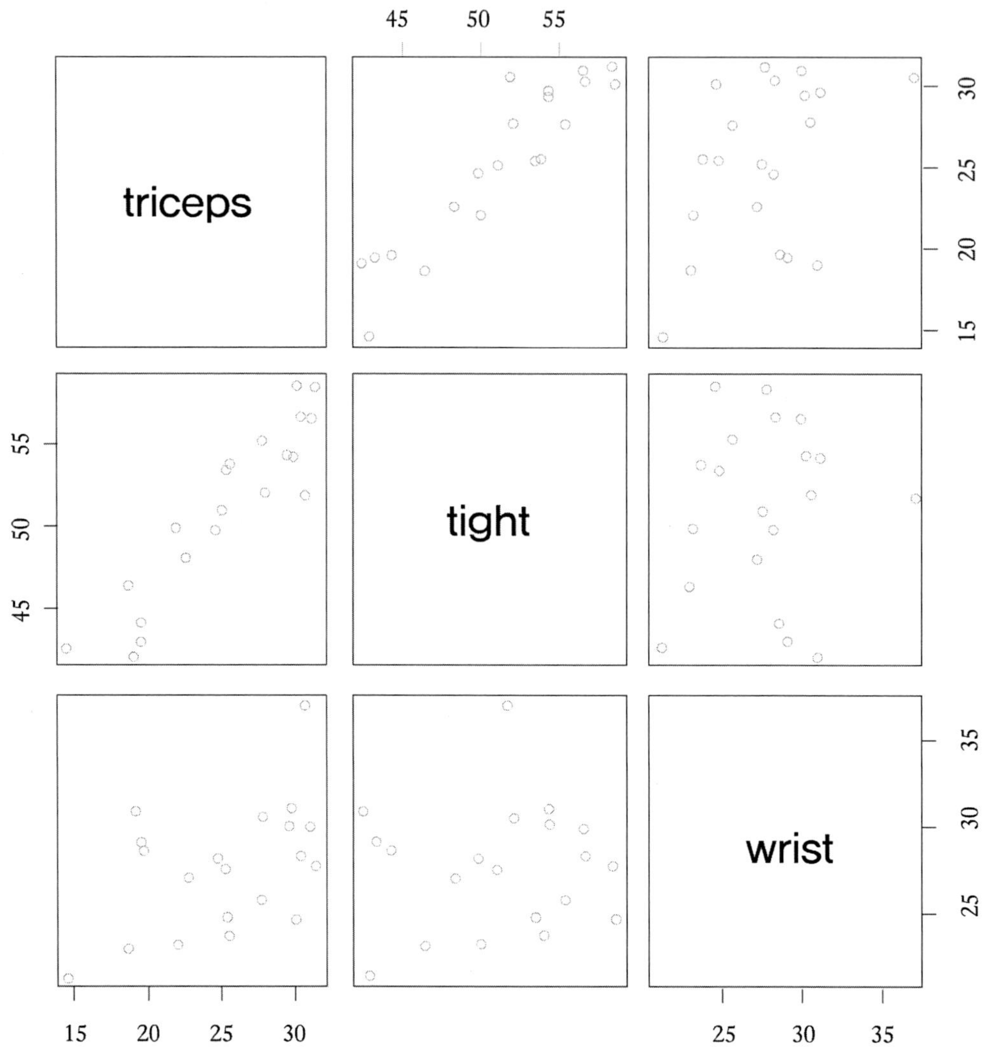

〈그림 3.6〉 독립변수들간의 산점도

(결과 해석) 독립변수 triceps와 tight의 상관계수는 0.9288로 매우 높은 상관관계를, triceps와 wrist의 상관계수는 0.4577로 높지는 않지만 어느 정도 상관관계가 존재하고 있음을, 그리고 tight와 wrist의 상관계수는 0.0847로 상관관계가 거의 존재하지 않음을 알 수 있다. ❖

(R 코드 : 공차한계와 분산팽창인자 출력)

```
> R1 = summary(lm(triceps ~ tight + wrist))$r.squared
> T1 = 1-R1; T1
[1] 0.001410750
> VIF1 = 1 / T1; VIF1
[1] 708.8429
> R2 = summary(lm(tight ~ triceps + wrist))$r.squared
> T2 = 1-R2; T2
[1] 0.001771971
> VIF2 = 1 / T2; VIF2
[1] 564.3434
> R3 = summary(lm(wrist ~ triceps + tight))$r.squared
> T3 = 1-R3; T3
[1] 0.00955968
> VIF3 = 1 / T3; VIF3
[1] 104.606
```

(R 코드 설명)

- 독립변수 triceps를 종속변수로, 나머지 두 독립변수 tight와 wrist를 독립변수로 한 회귀분석에서의 결정계수값을 lm 함수와 summary 함수를 이용하여 R1에 저장한 후, 이를 이용하여 독립변수 triceps에 대한 공차한계 T1과 분산팽창인자 VIF1이 출력되도록 R 코드가 작성되었다. 나머지 독립변수에 대한 R 코드도 동일한 요령으로 작성하면 된다.

(결과 해석) 각 변수에 대한 출력된 공차한계의 값은 모두 0.10이하이고, 분산팽창인자의 값들도 10을 훨씬 크게 넘어 독립변수들 간에는 다중공선성이 존재하고 있다고 할 수 있다.

(R 코드 : 고유값, 조건지수 출력)

```
> XX = t(X)%*%X
> eigenvalue = eigen(XX)$values; eigenvalue
[1] 81270.4505    294.2225    119.6371
> CI = sqrt(max(eigenvalue) / eigenvalue) ; CI
[1] 1.00000 16.61990 26.06354
```

(R 코드 설명)

- eigen 함수는 고유값과 고유벡터를 출력해준다. 고유값을 출력하기 위해서는 eigen(자료명)$values, 고유벡터를 출력하기 위해서는 eigen(자료명)$ vectors와 같이 입력하면 된다.
- 공식 $\sqrt{\lambda_{\max}/\lambda_i}$를 이용하여 조건지수 CI가 출력되도록 R 코드가 작성되었다.

(결과 해석) 조건지수의 최대값이 10을 넘기 때문에 다중공선성의 가능성이 존재한다고 볼 수 있다. * 참고 : 독립변수들을 표준화 한 후에 고유값을 구하면 모든 고유값의 합이 독립변수 개수(여기서는 3)와 일치한다. ❖

(R 코드 : 모든 독립변수를 포함한 중선형회귀분석)

```
> result1 = lm(fat ~., data=health)
> summary(result1)
Coefficients:
            Estimate Std. Error t value Pr(>|t|)
(Intercept) 117.085     99.782   1.173    0.258
triceps       4.334      3.016   1.437    0.170
tight        -2.857      2.582  -1.106    0.285
wrist        -2.186      1.595  -1.370    0.190
Residual standard error : 2.48 on 16 degrees of freedom
Multiple R-squared : 0.8014,     Adjusted R-squared : 0.7641
F-statistic : 21.52 on 3 and 16 DF,   p-value : 7.343e-06
```

(R 코드 설명)

- 여기서 회귀분석을 위한 R 코드는 'lm(fat~triceps+tight+wrist)'이다. 하지만 lm(fat~., data=health)와 같이 작성하여도 동일한 결과를 출력해 준다. 이때 ~ 다음에는 마침표 .를, 그리고 data=에는 자료가 있는 데이터 프레임명을 입력하면 된다. 여기서 ~ 다음의 마침표 .는 모든 독립변수를 사용한다는 의미이다.

(결과 해석) 모든 독립변수들을 포함한 중선형회귀분석 결과, 검정통계량 F_0의 값은 21.52이고, 이때의 $P-$값은 7.343×10^{-6}으로 매우 작아 적합된 회귀모형은 유의한 것으로 나타났다. 하지만 각 회귀계수에 대한 $t-$검정 결과는 모두 유의하지 않는 것으로 나타나고 있다. 이러한 현상은 바로 다중공선성 때문에 발생한다. 즉, 독립변수 triceps과 tigth의 상관관계($r_{12}=0.9238$)가 너무 커 다른 변수의 영향력을 제거하기 때문에 바로 이러한 현상이 나타나게 되는 것이다. 이러한 경우에는 상관관계가 높은 변수를 제거 또는 분리하여 회귀분석을 실시하는 것이 바람직하다. 상관관계가 높은 두 독립변수를 분리하여 회귀분석을 실시하기 위한 R 코드는 아래를 참고하기 바란다. ❖

(R 코드 : 독립변수 triceps와 wrist를 포함한 중선형회귀분석)

```
> result2 = lm(fat ~ triceps + wrist)
> summary(result2)
Coefficients:
             Estimate Std. Error  t value   Pr(>|t|)
(Intercept)   6.7916     4.4883    1.513   0.1486
triceps       1.0006     0.1282    7.803   5.12e-07 ***
wrist        -0.4314     0.1766   -2.443   0.0258 *
Residual standard error : 2.496 on 17 degrees of freedom
Multiple R-squared : 0.7862,      Adjusted R-squared : 0.761
F-statistic : 31.25 on 2 and 17 DF,  p-value : 2.022e-06
```

(R 코드 : 독립변수 tight와 wrist를 포함한 중선형회귀분석)

```
> result3 = lm(fat ~ tight + wrist)
> summary(result3)
Coefficients:
             Estimate Std. Error  t value  Pr(>|t|)
(Intercept) -25.99695   6.99732   -3.715   0.00172 **
tight         0.85088   0.11245    7.567   7.72e-07 ***
wrist         0.09603   0.16139    0.595   0.55968
Residual standard error : 2.557 on 17 degrees of freedom
Multiple R-squared : 0.7757,    Adjusted R-squared : 0.7493
F-statistic : 29.4 on 2 and 17 DF,  p-value : 3.033e-06
```

(결과 해석) 독립변수 triceps와 wrist를 포함한 중선형회귀분석 결과 P-값은 2.022×10^{-6}으로 매우 작아 두 변수를 포함하는 회귀모형이 주어진 자료에 잘 적합한다고 할 수 있다. 그리고 각 회귀계수에 대한 t-검정 결과, 모두 유의한 것으로 나타나고 있다. 반면에, 회귀모형속에 독립변수 tight와 wrist를 포함하였을 경우 가정된 회귀모형은 매우 적합한 것으로 나타났으나 각 회귀계수에 대한 검정 결과에서, wrist에 대한 회귀계수는 유의하지 않은 것으로 나타났다. 따라서 이러한 경우에는 종속변수를 fat, 독립변수를 triceps와 wrist한 중선형회귀모형을 적합시키는 것이 바람직하다고 할 수 있다. ❖

3.6.2 잔차분석

잔차는 회귀모형에 대한 여러 가정들이 타당한지를 판단하는 데 있어 유용한 정보를 제공한다. 따라서 중선형회귀분석에서도 단순선형회귀분석의 경우와 마찬가지로 잔차분석을 통하여 적합된 회귀모형의 적절성, 오차항의 등분산성, 독립성, 정규성 등을 검토할 수 있다.

중선형회귀모형에서 잔차를 행렬로 나타내면

$$e = \boldsymbol{Y} - \hat{\boldsymbol{Y}} = \boldsymbol{Y} - \boldsymbol{Xb} = \boldsymbol{Y} - \boldsymbol{X}(\boldsymbol{X}'\boldsymbol{X})^{-1}\boldsymbol{X}'\boldsymbol{Y} = (\boldsymbol{I} - \boldsymbol{H})\boldsymbol{Y}$$

여기서 행렬 $\boldsymbol{H} = (h_{ij})$, $i,\ j = 1,\ 2,\ \cdots,\ n$을 해트행렬(hat matrix)이라고 부른다.[13)]

단순선형회귀분석에서는 종속변수와 독립변수간의 산점도로부터 직선회귀모형이 적절한지의 여부를 쉽게 검토할 수 있다. 하지만 중선형회귀분석의 경우 독립변수의 개수가 여러 개이므로 단순선형회귀분석의 경우와는 달리 종속변수와 독립변수간의 관계를 하나의 산점도를 이용하여 나타낼 수 없다. 따라서 중선형회귀분석에서 종속변수와 독립변수간의 선형관계를 확인하기 위해서는 각각의 독립변수와 종속변수간의 산점도를 그려야 한다. 그러나 중선형회귀분석에서는 다중공선성의 존재 가능성으로 인하여 종속변수와 독립변수간의 산점도는 크게 도움이 되는 정보를 제공하지 못한다. 이러한 경우에는 다른 변수들과의 의존성이 배제된 종속변수와 독립변수간의 산점도인 편회귀 잔차도(partial regression residual plot)를 이용하여 선형회귀선 적합에 기여하는 독립변수를 식별할 수 있다. 즉, 회귀선 적합에 도움이 되는 독립변수의 경우 편회귀 잔차도는 대체로 직선 형태로 나타나게 되고, 잔차도가 곡선 형태를 띠게 된다면 이것은 해당 독립변수의 변환이 필요함을 의미하게 되는 것이다. 그리고 편회귀 잔차도를 이용하게 되면 다른 관측값들로부터 크게 벗어나는 특이값들도 식별할 수 있다.

등분산성의 가정은 예측값을 x축에, 표준화잔차(또는 외표준화잔차)를 y축으로 한 산점도를 이용하여 검토할 수 있으며, 독립성의 가정은 단순선형회귀분석의 경우와 같이 더빈-와트슨 검정으로 검토되어질 수 있다. 정규성의 가정도 단순선형회귀분석의 경우와 마찬가지로 잔차의 산점도 또는 정규확률지 등을 이용하여 검토할 수 있다.

---

13) 해트행렬이라 부르는 이유는 $\boldsymbol{Y}$의 앞에 $\boldsymbol{H}$를 곱하면 $\boldsymbol{HY}(=\hat{\boldsymbol{Y}})$가 되고, 이때 행렬 $\boldsymbol{H}$가 $\boldsymbol{Y}$를 $\hat{\boldsymbol{Y}}$로 만들어 주기 때문이다.

3.6.3 영향력 분석

관측값들 중에서 다른 값에 비하여 매우 크거나 작으면서 멀리 떨어져 있는 값을 특이값(outlier)이라고 한다. 회귀분석을 할 때 관측값들 속에 특이값이 있다면, 회귀선을 추정하는데 큰 영향을 받을 수 있으므로 이러한 특이값을 분석에 포함할 것인지 또는 제외할 것인지를 결정하는 일은 매우 중요하다. 〈그림 3.7〉에는 일반적으로 나타날 수 있는 특이값들의 유형이 주어져 있다. 여기서 관측값 ①은 X에 대하여 특이값은 아니나 Y에 대하여 특이값이 된다. 그리고 관측값 ②와 ③은 X에 대하여 특이값이나 Y에 대하여 추정된 회귀선의 연장선상에 있으므로 특이값이 아니다. 하지만 관측값 ②와 ③ 둘 중 어느 하나가 제거될 경우에는 회귀분석에 미치는 영향력이 작으나 두 관측값 모두 제거되었을 경우에는 회귀분석에 커다란 영향을 미치게 된다. 관측값 ④는 X와 Y 모두에 대하여 특이값이 된다.[14)]

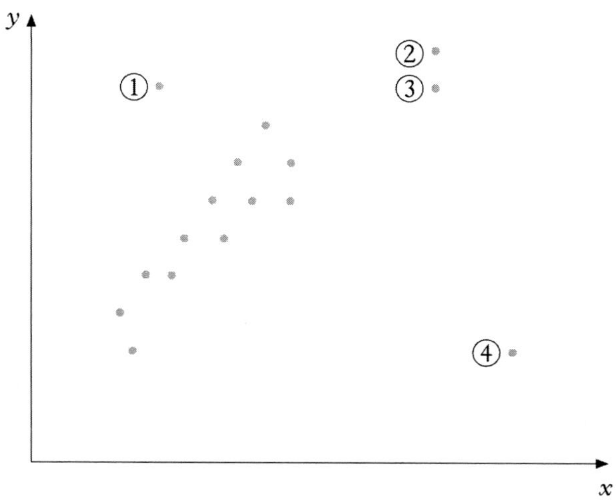

〈그림 3.7〉 특이값의 유형

14) 회귀분석에서 대개 독립변수 X는 통제할 수 있는 변수이므로 X에 대한 특이값 보다는 Y에 대한 특이값에 대하여 주로 관심을 갖게 된다.

독립변수가 하나인 단순선형회귀모형에서는 산점도를 이용하여 특이값을 파악할 수 있다. 그러나 독립변수가 두 개 이상일 경우 산점도를 그리기 어려우므로 다른 척도를 이용하여 특이값을 식별하게 된다. 즉 Y에 대한 특이값은 표준화잔차 또는 외표준화잔차를 이용하여 판별할 수 있으며, 이때 두 잔차값의 절대값이 2보다 클 경우 특이값으로 간주하여 회귀선을 추정하는데 영향을 준다고 판단한다. 그리고 X에 대한 특이값은 해트행렬의 대각원소 h_{ii}의 크기로 판별할 수 있으며, 구체적인 사항에 대해서는 아래에서 설명되는 레버리지를 참고하기 바란다.

관측값이 특이값으로 판별되면 그 값이 회귀선을 적합시키는데 영향을 미치는지의 여부를 검토하여야 한다. 일반적으로 어떤 관측값을 제외시켜 얻은 회귀분석 결과와 포함시켜 얻은 분석 결과가 커다란 차이를 보일 때, 이 관측값을 영향력이 큰 관측값이라 한다. 영향력을 식별하는 측도로 레버리지, Cook의 D, 코브 레이쇼(COV RATIO), 디핏츠(DFFITS), 디프베타즈(DFBETAS) 등을 사용한다.

(1) 레버리지

해트행렬에서 대각원소 h_{ii}는 레버리지(leverage)라고 불리우며, 단순선형회귀분석의 경우

$$h_{ii} = \frac{1}{n} + \frac{(x_i - \overline{x})^2}{\sum_{i=1}^{n}(x_i - \overline{x})^2}$$

로 주어져 관측값 x_i가 중심 $\overline{x}$로부터 멀리 떨어져 있을수록 레버리지 h_{ii}의 값은 커지게 됨을 알 수 있다. h_{ii} 값의 범위는 $1/n \le h_{ii} \le 1$이며, k를 모형에서 가정된 회귀계수의 개수라고 할 때 h_{ii}의 값이 대체로 $(2k/n)$보다 큰 관측값은 영향이 큰 관측값이라고 한다.

하지만 h_{ii}의 값이 크다고 해서 그 값이 반드시 회귀모형의 적합에 부정적인 영향을 끼친다고 볼 수는 없다.

(2) Cook의 D

$$D_i = (\hat{b}_i - \hat{b})'(X'X)(\hat{b}_i - \hat{b})/(k\sigma^2),$$

여기서 b_i는 i 번째 관측값을 제외한 나머지 자료로 추정된 회귀계수의 벡터, k는 회귀계수의 개수를 각각 나타낸다.

Cook의 D는 관측값 하나가 제외되었을 때 추정된 회귀계수 벡터의 변화를 표준화한 측도라고 할 수 있다. D값이 매우 큰 관측값들은 회귀계수의 추정에 영향을 크게 미친다고 간주하며, 보통 D값이 1이상이면 해당 관측값의 영향력이 크다고 본다.

(3) 코브 레이쇼(Covariance Ratio의 약자)

$$COV\ RATIO_i = \det[\widehat{\sigma_i^2}([X_i'X_i)^{-1}]/[\widehat{\sigma^2}(X'X)^{-1}]$$

여기서 X_i는 행렬 X에서 i 번째 행을 제거하여 얻은 행렬을 의미한다.

코브 레이쇼는 임의의 관측값이 회귀선 적합을 향상시키는지의 여부를 판단하는데 사용되는 통계량으로서, 1보다 클 경우 해당 관측값은 회귀선 적합에 도움을 준다고 판정한다. 반면에 코브레이쇼의 값이 0에 가까운 관측값은 회귀선 적합에 나쁜 영향을 미친다고 판정한다. 특히 코브레이쇼값이 $1+(3k/n)$보다 큰 관측값은 회귀계수의 정도(precision)를 아주 향상시키는 관측값이 되며, 반면에 $1-(3k/n)$보다 작은 관측값들은 회귀계수의 정도를 떨어뜨리는 관측값들이 된다.

(4) 디핏츠(Difference between Fits의 약자)

$$DFFITS = (\hat{y}_i - \widehat{y_{i-}})/[\widehat{\sigma^2_{i-}}\, h_{ii}]^{1/2}$$

여기서 $\widehat{y_{i-}}$ 는 i 번째 관측값을 제외한 나머지 관측값을 회귀모형에 적합시킨 후의 예측값을 나타낸다.

디핏츠는 하나의 관측값이 예측값 $\hat{y}_i$ 에 미치는 영향을 재는 측도로서, 절대값이 2보다 클 경우 해당 관측값은 예측값에 영향을 미치는 값으로 판정한다.

(5) 디프베타즈(Difference between Betas의 약자)

$$DFBETAS = (b_j - b_{j(-)})/[\widehat{\sigma^2_{(-i)}}\, c_{jj}]^{1/2}$$

디프베타즈는 i번째 관측값이 제외되었을 때 추정값 b_j의 변화를 표준화한 측도로서 여기서 b_j는 i번째 관측값을 포함한 회귀계수의 추정값을, $b_{(-j)}$는 i번째 관측값을 제외한 회귀계수의 추정값을 나타낸다. 디프베타즈의 절대값이 2보다 크면, 회귀계수의 추정에 커다란 영향을 미친다고 판정한다.[15)]

실습 3.7 〈표 3.6〉의 자료를 이용하여 영향력 분석을 위한 통계량의 값을 출력해 보도록 하자.

---

15) Belsley, Kuh, Welsch는 $|DFFITS| \geq 2\sqrt{k/n}$, $|DFBETAS| \geq 2/\sqrt{n}$ 이면 영향력이 큰 관측값으로 판정하고 있다.

(R 코드 : 잔차와 표준화잔차 출력)

```
> result = lm(fat~., data=health)
> residual = residuals(result)
> stresidual = rstudent(result)
> stresidual[(abs(stresidual))>2]
      14
  2.016372
```

(R 코드 설명)

- 잔차는 residuals 함수를, 표준화잔차는 rstudent 함수를 사용하며, 이때 회귀분석 결과를 인자(여기서는 result)로 사용하면 된다.
- stresidual[(abs(studresi))〉2]는 표준화잔차의 절대값이 2이상인 관측값을 출력하기 위한 R코드로서, 출력 결과 14번 관측값의 표준화잔차가 2이상인 것으로 나타났다.

(R코드 : 레버리지와 Cook's값 출력)

```
> res.inf = influence(result)
> round(res.inf$hat,3)
    1     2     3     4     5     6     7     8     9    10    11    12
0.341 0.157 0.440 0.112 0.361 0.132 0.194 0.164 0.193 0.241 0.139 0.109
   13    14    15    16    17    18    19    20
0.214 0.188 0.348 0.114 0.125 0.228 0.132 0.066
> cook = cooks.distance(result)
> round(cook, 3)
    1     2     3     4     5     6     7     8     9    10    11    12
0.279 0.060 0.299 0.053 0.047 0.002 0.023 0.094 0.035 0.026 0.005 0.027
   13    14    15    16    17    18    19    20
0.154 0.198 0.033 0.000 0.001 0.030 0.099 0.001
```

(R 코드 설명)

○ 레버리지 값은 influence 함수를 이용하여 구할 수 있다. 즉, influence 함수에서 회귀분석 결과인 result를 인자로 사용하면 된다.

○ round 함수는 출력되는 값의 소수점 아래 자리를 결정할 때 사용되는 함수이다. 위의 예에서 'round(res.inf$hat, 3)'이라고 하면 소수점 셋째 자리까지 출력하는 의미로 넷째 자리에서 반올림된다.

○ Cook의 D값은 cooks.distance 함수에서 회귀분석 결과를 나타내는 result를 인자로 사용하면 된다.

※ 코브레이쇼, 디핏츠, 디프베타즈 등을 출력하기 위한 R코드는 기본적으로 제공되지 않지만 사용자 함수를 이용하여 출력할 수 있다.

(R 코드 : 편회귀 잔차도 그리기)

```
>result = lm(fat~., data=health)
>library(faraway)
>par(mfrow=c(1,3))
>prplot(result, 1);prplot(result, 2);prplot(result, 3);
```

(R 코드 설명)

○ 편회귀 잔차도를 그리기 위한 함수는 prplot이다. prplot 함수는 패키지 'faraway'에서 사용가능하기 때문에 먼저 'faraway' 라이브러리를 설치해야 한다. 구체적인 설치 요령은 2.6절 〈실습 2.4〉를 참고하기 바란다.

○ par 함수와 명령어 mfrow는 〈실습 2.3〉을 참고하기 바란다.

○ prplot 함수는 두 개의 인자 즉, 회귀분석 결과를 나타내는 인자와 독립변수를 나타

내는 인자가 필요하다. 여기서 1은 첫 번째 독립변수인 triceps를, 2는 두 번째 독립변수인 tight를, 3은 세 번째 독립변수인 wrist를 의미한다. 세 개의 독립변수에 대한 출력된 편회귀 잔차도는 〈그림 3.8〉과 같다.

(결과 해석) 〈그림 3.8〉의 잔차도는 모두 직선형태를 크게 벗어나지 않으므로 각각의 독립변수들은 직선회귀모형의 적합에 모두 기여한다고 볼 수 있다. ❖

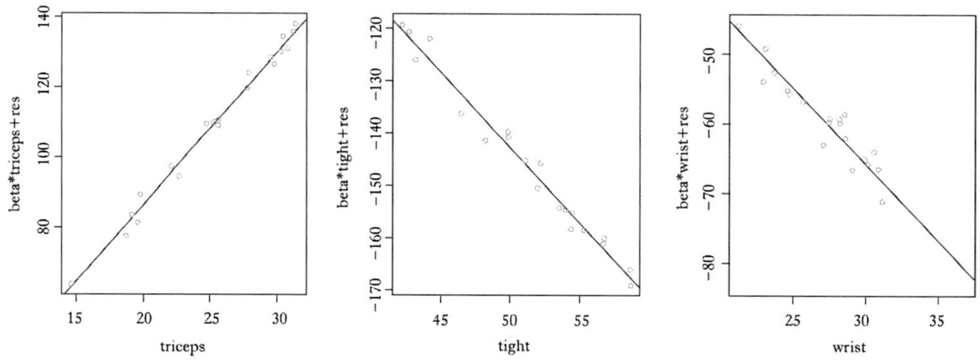

〈그림 3.8〉 편회귀 잔차도

3.7 독립변수의 선택

3.7.1 변수선택을 위한 판정 기준

회귀분석의 목적은 하나의 종속변수가 한 개 또는 그 이상의 독립변수들을 사용하여 어떻게 설명될 수 있는지를 규명하고, 규명된 회귀식을 이용하여 종속변수의 값을 예측함에 있다. 이때 회귀식 속에는 무조건 많은 독립변수를 포함할 것이 아니라 의미 있는 독립변수만을 포함하여야 한다. 많은 독립변수의 사용은 자료를 수집하고 관리하는

데 있어 많은 비용과 시간이 필요할 뿐만 아니라 독립변수들 간에 다중공선성의 문제를 일으킬 수 있다. 따라서 회귀분석에서는 가능한 적은 개수의 독립변수를 사용하여 종속변수를 설명할 수 있는 회귀모형을 사용하는 것이 바람직하다고 할 수 있다. 그렇다면 어떤 판정기준에 따라 독립변수를 선택하여야 할까? 독립변수를 선택하기 위한 판정기준에는 여러 가지가 있으며, 이러한 판정기준에 따라 회귀모형도 달라지게 된다. 일반적으로 많이 사용되는 판정기준으로는 다음과 같은 것들이 있다.

(1) 결정계수(coefficient of determination : R^2)

결정계수 R^2는 3.3절에서 정의한 바와 같이 전체 변동중에서 회귀식에 의하여 설명되는 변동을 나타내기 때문에 R^2의 값이 클수록 좋은 회귀모형이라고 할 수 있다. 하지만 결정계수는 독립변수가 추가될 때 마다 그 값이 증가되는 성질을 가지고 있기 때문에 독립변수의 수가 다른 모형들에 있어서는 적절한 모형선택의 기준으로서 적합하지가 않다. 따라서 결정계수 R^2은 독립변수의 수가 같은 모형들에서 선택 기준으로 사용하는 것이 바람직하다.

(2) 수정결정계수(adjusted coefficient of determination : R_a^2)

결정계수 R^2의 단점을 보완하여 독립변수의 수가 다를 경우에 사용할 수 있도록 고안된 것이 수정결정계수 R_a^2이며, 3.3절을 참고하기 바란다.

(3) 맬로우스의 C_p 통계량

맬로우스(C.L. Mallows)는 변수선택을 위하여 다음과 같은 C_p 통계량을 제시하였다.

$$C_p = \frac{SSE_k}{MSE_T} - n + 2(k+1)$$

여기서 SSE_k는 독립변수를 k개 선택하여 만들어진 회귀모형에서의 오차제곱합을 의미하며, MSE_T는 고려가 되는 모든 독립변수를 포함하는 회귀모형에서의 평균제곱오차를 의미한다. 통계량 C_p의 값은 작을수록 좋다.

(4) AIC 통계량

일본의 아카이케(H. Akaike)에 의하여 제안된 통계량으로 다음과 같이 정의된다.

$$\text{AIC} = n\log_e \frac{SSE_k}{n} + 2(k+1)$$

여기서 k는 선택된 독립변수의 개수, SSE_k는 독립변수가 k개인 회귀모형에서의 오차제곱합을 말한다. 통계량 AIC의 값은 작을수록 좋다.

3.7.2 변수선택 방법

앞에서 설명한 판정기준에 의하여 적절한 독립변수를 선택하기 위한 방법으로는 모든 가능한 회귀법(all possible regression), 전방선택법(forward selection), 후방소거법(backward elimination), 단계별 회귀법(stepwise regression) 등이 있다.

(1) 모든 가능한 회귀법

이 방법은 모든 가능한 독립변수들의 조합을 회귀분석하여 가장 적절하다고 판단되는 회귀모형을 선택하는 방법이다. 예를 들어, p개의 독립변수가 있을 경우 가능한 회귀방정식의 개수는 모두 $2^p - 1$개가 된다.[16] 따라서 모든 가능한 회귀법에서는 $2^p - 1$개의

16) 종속변수를 설명하는데 있어서 p개의 독립변수들 중에서 k개를 선택하는 경우의 총 조합수

회귀식을 모두 구한 다음, R^2이나 C_p 등과 같은 변수선택 기준에 의하여 변수를 선택하게 되는 것이다. 이때 변수선택 기준에 따라 선택되는 변수는 반드시 동일하지는 않다.

(2) 전방선택법

전방선택법의 초기모형은 절편만을 포함한다. 이 상태에서 p개의 독립변수들 중 모형에 들어오면 가장 크게 기여를 하는 변수 즉, R^2의 값이 최대로 되는 변수를 찾아 모형에 포함시킨다. 이때 이 변수를 포함하는 모형에 대한 검정결과가 유의하면 다음 단계로 들어가고 그렇지 않으면 상수항만을 포함하는 회귀모형으로 귀착된다. 검정 결과가 유의할 경우 두 번째 단계에서는 $p-1$개의 독립변수들 중 모형에 들어오면 R^2의 값이 최대로 되는 변수를 찾아 모형에 포함시킨다. 이때 두 독립변수를 포함하는 모형에 대한 검정결과가 유의하면 다음 단계로 들어가고 그렇지 않으면 한 개의 독립변수만을 포함하는 회귀모형으로 끝나게 된다. 이러한 절차를 반복하여 주어진 자료에 대한 회귀적합에 최상의 기여를 할 수 있는 회귀변수를 고르는 기법을 전방선택법이라 한다. 전방선택법에서는 일단 모형에 들어온 회귀변수는 계속 모형에 남아있게 된다.

(3) 후방소거법

후방소거법은 대상 독립변수 모두를 포함하는 완전모형으로부터 시작하여 불필요한 변수를 하나씩 제거시켜 나가는 방법이다. 즉 후방소거법의 첫 단계에서는 모든 대상 변수를 포함하는 회귀모형을 적합한 뒤 기여도가 가장 떨어지는 변수 하나를 찾는다. 그리고 이 변수에 대한 통계적 검정 결과가 유의하면 모든 변수가 포함된 회귀모형으로 귀착되

는 ${}_pC_k$이며, 가능한 모든 변수의 선택방법의 수는 $\sum {}_pC_k = 2^p$이다. 여기서 독립변수를 하나도 선택하지 않는 경우를 제외하면 모든 가능한 회귀모형의 개수는 2^p-1이 된다.

고, 그렇지 않으면 그 변수를 제거한 후 다음 단계로 넘어간다. 이러한 절차를 반복하여 기여도가 떨어지는 회귀변수를 차례로 소거해 나가게 된다.

후방소거법은 중요한 변수를 모형에서 제외할 가능성이 적으므로 비교적 안전한 방법이라고 할 수 있다. 하지만 한번 제외된 변수는 다시 포함되지 못한다는 단점이 있어 모든 가능한 회귀를 통하여 찾아내는 회귀모형보다 못할 수도 있다.

(4) 단계별 회귀법

단계별 회귀법은 전방선택법에 후방소거법의 개념이 첨가된 방법이라고 할 수 있으며, 차이점은 모형에 포함된 독립변수도 모형에서 다시 제거될 수 있다는 것이다. 즉, 초기 모형을 절편만으로 시작한 후 회귀변수로 들어왔을 때 R^2의 값이 가장 크게 되는 변수 예를 들어, X_i를 선택한다. 이때 선택된 변수 X_i를 포함한 모형에 대한 검정 결과가 유의하면 두 번째 단계로 넘어가 다른 변수를 선택하고, 그렇지 않으면 선택할 변수가 없다고 판정한다. 두 번째 단계에서는 나머지 회귀변수 중 모형속에 포함될 경우 R^2을 가장 크게 하는 변수 예를 들어, X_k라 할 경우 X_k를 선택한 후, X_i와 X_k 둘 다 포함한 모형에 대한 검정을 실시한다. 검정 결과 유의할 경우 앞 단계에서 선택되어 있는 변수 X_i에 대한 부분 $F-$검정을 실시하여 유의하면 모형속에 계속 남겨 놓고 유의하지 않으면 제거시킨다. 이와 같은 과정을 계속 수행하면서 새로이 선택된 변수가 포함된 모형이 유의하지 않을 때까지 선택 과정은 계속되며, 새로이 들어온 변수가 유의할 경우에는 앞에서 선택된 변수들이 계속하여 유의한지를 검토하여 주게 된다. 단계별 회귀법은 결과적으로 중요한 변수를 하나씩 추가 선택하되 이미 모형에 들어간 변수들이 제거될 수 있는지를 단계별로 검토하는 방법이라고 할 수 있다.

※ **주의사항** : 여기서 설명한 변수선택 방법들로부터 구해지는 모형이 반드시 최적인 모

형이라고 이야기하는 것은 곤란하다. 그 이유는 이러한 방법들은 변수를 선택하는 방법일 뿐 최적인 모형을 선택하는 기준은 아니기 때문이다.

실습 3.8 H 사회문제 연구소에서는 회사의 규모, 근무경력, 연봉, 연령 등이 스트레스에 미치는 영향에 대한 연구를 위해 15명의 중견 간부(이사급)를 랜덤으로 추출하여 〈표 3.7〉과 같은 자료를 얻었다. 적절한 회귀모형을 선택해 보도록 하자.

〈표 3.7〉 스트레스와 여러 요인들간의 관계

스트레스 (Y)	회사크기 (X_1)	경력 (X_2)	연봉 (X_3)	연령 (X_4)	스트레스 (Y)	회사크기 (X_1)	경력 (X_2)	연봉 (X_3)	연령 (X_4)
101	812	15	30	38	34	412	16	34	44
60	334	8	20	52	17	127	2	28	39
10	377	5	20	27	78	601	8	42	41
27	303	10	54	36	141	297	11	84	58
89	505	13	52	34	11	205	4	31	51
60	401	4	27	45	104	603	5	38	63
16	177	6	26	50	76	484	8	41	30
184	598	9	52	60					

(R 코드 : 자료의 입력)

```
>Y = c(101,60,10,27,89,60,16,184,34,17,78,141,11,104,76)
>X1 = c(812,334,377,303,505,401,177,598,412,127,601,297,205,603,484)
>X2 = c(15,8,5,10,13,4,6,9,16,2,8,11,4,5,8)
>X3 = c(30,20,20,54,52,27,26,52,34,28,42,84,31,38,41)
>X4 = c(38,52,27,36,34,45,50,60,44,39,41,58,51,63,30)
```

(R 코드 : C_p와 AIC 계산을 위한 사용자 함수)

```
>Cp = function(n, SSE, MSE, k){
+ result = SSE / MSE - n + 2*(k+1)
+ return(result)
>}
>AIC = function(n, SSE, k){
+ result = n*log(SSE / n) + 2*(k+1)
+ return(result)
>}
```

(R 코드 : C_p를 구하기 위한 MSE_T의 계산)

```
> res15 = lm(Y ~ X1 + X2 + X3 + X4)
> SSE15 = t(residuals(res15))%*%(residuals(res15))
> MSE = SSE15 / 10
```

(R 코드 설명)

- C_p값을 계산하기 위해서 먼저 모든 독립변수들을 포함한 회귀분석에서 MSE를 계산한다.

(R 코드 : X_1에 대한 R^2, R_a^2, C_p, AIC 출력)

```
> res1 = lm(Y ~ X1)
> round(summary(res1)$r.squared, 3) # 결정계수 계산
 [1] 0.386
> round(summary(res1)$adj.r.squared, 3) #수정된 결정계수 계산
 [1] 0.339
> SSE1 = t(residuals(res1))%*%(residuals(res1))
> Cp(15, SSE1, MSE, 1) # Cp 계산
         [,1]
 [1,] 27.94309
> AIC(15, SSE1, 1)  #AIC 계산
         [,1]
 [1,] 113.6912
```

(R 코드 : X_2에 대한 R^2, R_a^2, C_p, AIC 출력)

```
> res2 = lm(Y ~ X2)
> round(summary(res2)$r.squared, 3) # 결정계수 계산
 [1] 0.126
> round(summary(res2)$adj.r.squared, 3) #수정된 결정계수 계산
 [1] 0.059
> SSE2 = t(residuals(res2))%*%(residuals(res2))
> Cp(15, SSE2, MSE, 1) # Cp 계산
        [,1]
 [1,] 44.4435
> AIC(15, SSE2, 1)  #AIC 계산
         [,1]
 [1,] 118.9902
```

(R 코드 설명)

- 모든 가능한 회귀모형에 대한 회귀분석을 실시하기 위하여 먼저, 독립변수 X_1만을 고려한 회귀분석 res1 = lm(Y ~ X1) 실시하여 결정계수와 수정결정계수, AIC, 그리고 C_p값을 계산한다. 다음으로는 독립변수 X_2만을 고려한 회귀분석으로부터 결정계수와 수정결정계수, AIC, 그리고 C_p값을 계산한다.
- 이와 같은 과정을 모든 가능한 회귀모형에 대하여 실시한 후 각각에 대한 결정계수와 수정결정계수, AIC, 그리고 C_p값을 계산한다. 여기에 제시한 R 코드는 그 중 일부분이며, 전체 프로그램은 교우사 홈페이지(www.kyowoo.co.kr)에서 제공하는 장별 R 파일을 참고하기 바란다.

〈표 3.8〉 모든 가능한 회귀방정식에 대한 기준값의 요약

모형속에 포함된 독립변수	결정계수	수정 결정계수	C_p	AIC	$P-$값
X_1	0.386	0.339	27.94	113.69	0.0134
X_2	0.126	0.059	44.44	118.99	0.1935
X_3	0.378	0.330	28.49	113.90	0.0148
X_4	0.235	0.177	37.52	116.99	0.0668
X_1, X_2	0.389	0.287	29.78	115.63	0.0521
X_1, X_3	0.702	0.652	9.91	104.85	0.0007
X_1, X_4	0.633	0.572	14.27	107.97	0.0024
X_2, X_3	0.394	0.294	29.43	115.49	0.0493
X_2, X_4	0.406	0.307	28.69	115.20	0.0439
X_3, X_4	0.491	0.406	23.30	112.89	0.0174
X_1, X_2, X_3	0.737	0.665	9.72	105.00	0.0016
X_1, X_2, X_4	0.646	0.549	15.48	109.45	0.0078
X_1, X_3, X_4	0.833	0.787	3.60	98.18	0.0001
X_2, X_3, X_4	0.538	0.412	22.33	113.44	0.0316
X_1, X_2, X_3, X_4	0.842	0.779	5	99.30	0.0005

(결과 해석) 여기서는 변수가 4개이므로 모든 가능한 회귀방정식의 수는 $2^4-1=15$이며, 각 경우에서의 결정계수, 수정결정계수, C_p, AIC, $P-$값은 〈표 3.8〉과 같다. 〈표 3.8〉을 보면 결정계수 R^2은 모형속에 포함되는 변수의 개수가 증가함에 따라 커지며, 변수가 한 개일 경우에는 X_1이, 변수가 두 개일 경우에는 $(X_1,\ X_3)$가, 변수가 세 개일 경우에는 $(X_1,\ X_3,\ X_4)$가 모형속에 포함되는 것이 R^2을 가장 크게 만들고 있음을 알 수 있다. 그리고 모든 변수가 포함될 경우 R^2은 0.842가 된다. 하지만 수정결정계수 R_a^2의 값을 비교해 보면 $(X_1,\ X_3,\ X_4)$가 포함될 경우 R_a^2의 값이 가장 크며, 또한 이 경우에 C_p와 AIC가 가장 적게 되어 결과적으로 이 세 변수를 포함하는 모형을 사용하여 회귀분석을 실시하는 것이 가장 바람직하다고 할 수 있다. 따라서 연구자는 세 변수 $(X_1,\ X_3,\ X_4)$가 포함된 모형을 이용하여 본격적인 회귀분석(모형의 적합성, 잔차분석, 영향력 분석, 다중공선성 등)을 하면 된다. ❖

(R 코드 : 전방선택법)

```
> res = lm(Y ~ 1)
> summary(res)
Coefficients:
            Estimate Std. Error t value Pr(>|t|)
(Intercept)    67.20      13.21   5.087 0.000166 ***
...
> res = update(res,.~.+X1)
> 1-pf(summary(res)$fstatistic[1], summary(res)$fstatistic[2], summary(res)$fsta-
tistic[3])
     value
0.01337502
> res = update(res,.~.+X3)
```

```
> 1-pf(summary(res)$fstatistic[1], summary(res)$fstatistic[2], summary(res)$fsta-
tistic[3])
        value
0.0006990807
> res = update(res,.~.+X4)
> 1-pf(summary(res)$fstatistic[1], summary(res)$fstatistic[2], summary(res)$fsta-
tistic[3])
        value
0.0001391838
```

(R 코드 설명)

- 전방선택법을 일괄적으로 구현하는 R 코드는 따로 없다. 전방선택법을 R 코드로 구현하기 위해서는 전방선택법의 절차대로 일일이 프로그램해야 한다. 전방선택법의 절차에 따라서 먼저 절편만을 포함한 회귀식을 고려한다. 절편만을 포함한 회귀식의 R 코드는 'res = lm(Y ~ 1)'이다.
- 다음 단계로 각각의 독립변수를 회귀식에 포함하여 독립변수를 추가한 결과가 유의하면서 가장 R^2를 크게 하는 독립변수 하나를 추가한다. 기존의 회귀식의 결과를 이용하면서 독립변수를 추가하거나 혹은 제거하기 위해서 사용되는 함수는 update 함수이다. R 코드 update(res,.~. $+X_1$)에서 'res'는 앞 단계에서 실행된 회귀분석 결과를 나타내고, '.~.'는 update 함수에서 사용하는 형식이며 '$+X_1$'은 이전 단계에서 실행된 회귀분석에 독립변수 X_1를 추가하여 회귀분석을 실시하라는 의미이다.
- pf 함수는 $F-$값과 자유도를 이용하여 $P-$값을 계산하기 위해서 사용되었다.
- 여기서 summary(res)$fstatistic[1]은 회귀분석 결과 중에서 F 통계량 값을, summary(res)$fstatistic[2]와 summary(res)$fstatistic[3]은 F 통계량의 자유도를 찾기 위한 R 코드이다.

○ 이와 같은 방법으로 독립변수를 계속적으로 추가하면서 전방선택법에 의한 변수를 선택할 수 있다.

(결과 해석) 〈표 3.8〉을 이용해서 전방선택법의 과정을 살펴보면 다음과 같다. 먼저 절편만을 가지고 회귀분석을 실시한 후, 첫 번째 단계에서는 4개의 독립변수 중에서 회귀모형에 들어오면 모형의 적합에 가장 큰 기여를 하는 변수 즉, R^2값이 최대로 되는 변수 X_1이 선택되었다. 이때의 R^2의 값은 0.386이고, 모형의 적합성 검정을 위한 $F-$검정 결과, $P-$값은 0.0134로 통계적으로 유의한 것으로 나타났다. 계속해서 〈표 3.8〉을 가지고 두 번째 단계를 살펴보면, 첫 번째 선택된 X_1을 제외하고 남은 변수들 중에서 모형에 포함되면 R^2값을 최대로 하는 변수는 X_3이며, 기존의 모형(X_1만 포함된 모형)에 X_3를 포함한 결과 R^2의 값은 0.702로 크게 증가하였다. 그리고 이때의 모형에 대한 통계적 검정 결과 $P-$값이 0.0007로 유의하였다. 세 번째 단계에서는 독립변수 X_4가 기존 모형에 들어왔고, 이 때의 $P-$값은 0.0001로 모형의 적합성에 대한 통계적 검정 결과 유의한 것으로 나타났다. 마지막 단계에서는 남은 변수 X_2가 모형속으로 들어왔으며, 이때에도 $P-$값은 0.0005로 유의한 것으로 나타났다. ❖

(R 코드 : 후방소거법)

```
> res = lm(Y ~ X1+X2+X3+X4)
> 1-pf(summary(res)$fstatistic[1], summary(res)$fstatistic[2], summary(res)$fstatistic[3])
> res = update(res,.~.-X2)
```

(R 코드 설명)

- 후방소거법을 일괄적으로 구현하는 R 코드는 따로 없다. 후방소거법을 R 코드로 구현하기 위해서는 후방소거법의 절차대로 일일이 프로그램해야 한다. 즉, 먼저 후방소거법의 절차에 따라서 모든 독립변수를 다 고려한 직선회귀식을 고려한 후, 다음 단계에서는 모든 독립변수가 포함된 회귀식으로부터 독립변수를 각각 하나씩 제거하면서 후방소거법을 진행해 나가면 된다. 이때 독립변수를 제거하기 위해서는 전방선택법의 예에서 사용했던 update 함수를 이용하면 된다.
- 〈표 3.8〉의 결과를 참고하면 모든 독립변수를 포함한 회귀식에서 먼저 X_2를 제거하고, 다음 단계에서는 세 개의 독립변수 X_1, X_3, X_4 중에서 어느 독립변수를 빼더라도 더 유의한 결과가 나타나지 않기 때문에 최종적으로 세 개의 독립변수 X_1, X_3, X_4를 포함한 회귀식이 가장 바람직한 모형으로 결정될 것이다.

(R 코드 : 단계별 회귀법)

```
> res = lm(Y ~ X1+X2+X3+X4)
> step(res)
Start:  AIC=99.3
Y ~ X1 + X2 + X3 + X4
       Df Sum of Sq      RSS     AIC
- X2    1     348.5   6123.4    98.2
<none>                5774.9    99.3
- X4    1    3878.2   9653.1   105.0
- X3    1    7208.0  12983.0   109.5
- X1    1   11164.6  16939.5   113.4
Step:  AIC=98.18
Y ~ X1 + X3 + X4
```

```
          Df Sum of Sq      RSS     AIC
<none>                   6123.4    98.2
- X4     1     4794.6 10918.0   104.9
- X3     1     7314.2 13437.5   108.0
- X1     1    12529.3 18652.7   112.9
Call:
lm(formula = Y ~ X1 + X3 + X4)
Coefficients:
(Intercept)           X1           X3           X4
  -132.3383       0.1603       1.4206       1.7527
```

(R 코드 설명)

- 단계별 회귀법은 step 함수를 이용하여 쉽게 그 결과를 알 수 있다.
- 먼저 모든 독립변수를 포함한 회귀모형으로 회귀분석을 실시한 후, step 함수에서 회귀분석 결과를 인자로 사용하면 된다. 즉, step(res)와 같이 입력해 주면 된다. 이때 출력되는 결과 중에서 제일 마지막에 나타나는 회귀모형이 단계별 회귀법 적용 시 선택되는 회귀모형이 되는 것이다. ❖

3.8 다항회귀모형

하나의 독립변수 X에 대한 종속변수 Y의 변화가 〈그림 3.9〉의 (a)와 같은 곡선 관계를 나타낼 때 단순선형회귀모형을 사용하는 것은 적절치 않다. 이러한 경우에는 X의 2차식을 이용한 회귀모형 $Y = \beta_0 + \beta_1 X + \beta_2 X^2 + \epsilon$를 적용하는 것이 바람직하며, 이때의 모형을 독립변수가 한 개인 2차 다항회귀모형(second order polynomial regression model with one independent variable)이라 한다. 여기서 β_1과 β_2는 각각 X의 1차항 및 2차항에 대한 회귀계수이며, β_0는 $X=0$에서 Y의 평균반응량을 나타낸다.[17)]

〈그림 3.9〉에서 (b)와 같은 경우에는 X의 3차식을 이용한 $Y=\beta_0+\beta_1X+\beta_2X^2+\beta_3X^3+\epsilon$과 같은 회귀모형을 사용하는 것이 바람직하며, 이때의 모형을 독립변수가 한 개인 3차 다항회귀모형(third order polynomial regression model with one independent variable)이라 부른다.[18)] 일반적으로 독립변수가 한 개인 k차 다항회귀모형 $Y=\beta_0+\beta_1X+\beta_2X^2+\cdots+\beta_kX^k+\epsilon$에서 계수 β_i의 추정은 독립변수가 k개 포함되어 있는 중선형회귀모형으로 생각하여 추정하면 편리하다. 즉, 2차 다항회귀모형에서는 $X=X_1$, $X^2=X_2$로 놓고, 3차 다항회귀모형에서는 $X=X_1$, $X^2=X_2$, $X^3=X_3$로 놓고 행렬을 이용하여 회귀계수 $\boldsymbol{b}=(\boldsymbol{X}'\boldsymbol{X})^{-1}\boldsymbol{X}'\boldsymbol{y}$를 구하면 된다.

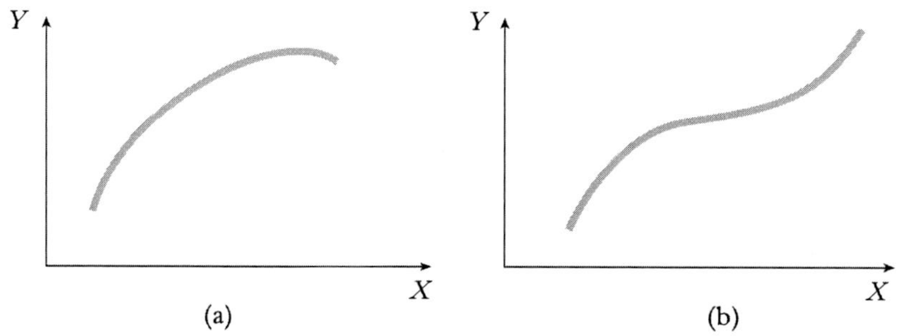

〈그림 3.9〉 곡선모형의 예

17) X가 0을 포함하지 않을 경우 회귀계수 β_0는 아무런 의미를 가지지 않는다.

18) 다항회귀모형에서 적절한 k의 값은 산점도를 이용하여 판단하면 된다.

실습 3.9 어떤 제약회사에서 만든 특수 영양제의 복용량(X)과 체중의 증가량(Y)간의 관계를 분석하기 위한 실험으로부터 〈표 3.9〉와 같은 결과를 얻었다. 주어진 자료에 적합한 회귀모형을 구해보도록 하자.

〈표 3.9〉 영양제 복용량과 체중의 증가량

X	4	8	12	14	20	24
Y	40	45	51	53	51	48

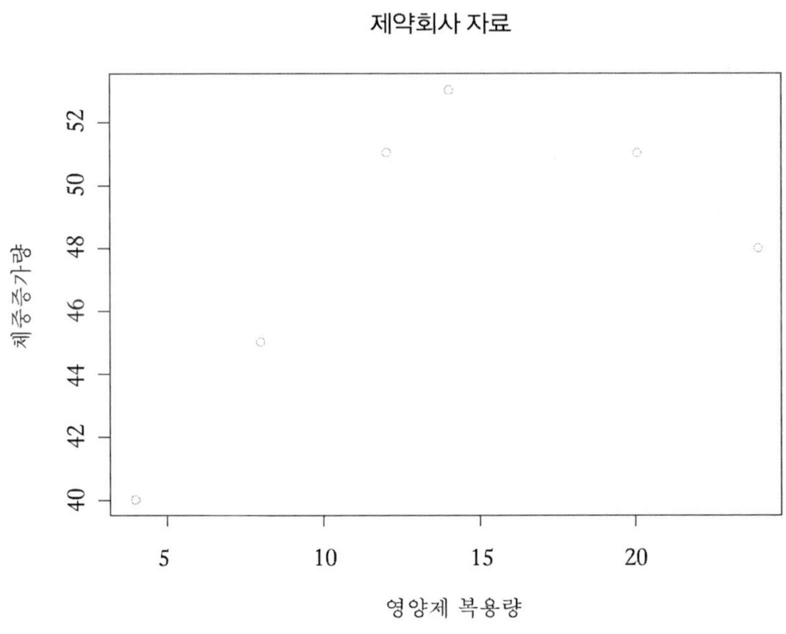

〈그림 3.10〉 영양제 복용량과 체중에 대한 산점도

(R 코드 : 자료의 입력 및 산점도의 작성)

```
> Y = c(40, 45, 51, 53, 51, 48)
> X1 = c(4, 8, 12, 14, 20, 24)
> plot(X1, Y, main="제약회사 자료", xlab="영양제 복용량", ylab="체중 증가량")
```

(결과 해석) 영양제의 복용량을 x축으로, 체중의 증가량을 y축으로 한 산점도는 〈그림 3.10〉과 같으며, 이로부터 2차 다항회귀모형 $Y = \beta_0 + \beta_1 X + \beta_2 X^2 + \epsilon$이 적절함을 알 수 있다. ❖

(R 코드 : 회귀직선의 추정)

```
> res = lm(Y ~ X1 + I(X1^2))
> summary(res)
Coefficients:
             Estimate Std. Error t value Pr(>|t|)
(Intercept) 29.72844    2.02377  14.690 0.000684 ***
X1           2.75167    0.32669   8.423 0.003511 **
I(X1^2)     -0.08310    0.01129  -7.359 0.005186 **
Residual standard error: 1.123 on 3 degrees of freedom
Multiple R-squared: 0.9674,     Adjusted R-squared: 0.9457
F-statistic: 44.51 on 2 and 3 DF,  p-value: 0.005886
```

(R 코드 설명)

- 1차항이 아닌 다항항이 포함된 회귀분석을 하기 위한 lm 함수 사용은 위의 R 코드에서 처럼 lm 함수에 2차항에 해당되는 부분을 I(X^2)와 같이 추가하면 된다.

(결과 해석) 모형의 적합성을 위한 검정통계량 F_0의 값은 44.51이고, 이때의 $P-$값은 0.005로 매우 작아 유의한 것으로 나타났다. 따라서 '가정된 이차 다항회귀모형은 주어진 영양제 복용량과 체중 증가량간의 관계를 설명하는 모형으로 적합하다'고 할 수 있다. ❖

(R 코드 : 3차항을 포함한 회귀분석)

```
> res = lm(Y ~ X1 + I(X1^2)+I(X1^3))
> summary(res)

Coefficients:
              Estimate Std. Error t value Pr(>|t|)
(Intercept) 31.711162   4.715181   6.725   0.0214 *
X1           2.115559   1.365956   1.549   0.2615
I(X1^2)     -0.029120   0.112141  -0.260   0.8194
I(X1^3)     -0.001306   0.002694  -0.485   0.6758

Residual standard error : 1.301 on 2 degrees of freedom
Multiple R-squared : 0.9708,     Adjusted R-squared : 0.9271
F-statistic : 22.19 on 3 and 2 DF,  p-value : 0.04344
```

(R 코드 설명)

○ lm 함수에서 3차항에 대한 부분 적, I(X^3)을 추가로 입력하면 된다.

(결과 해석) 적합된 모형에 대한 $F-$검정 결과, 검정통계량의 값은 22.19이고 이때의 $P-$값은 0.043으로 유의수준 $\alpha=0.05$에서는 유의하지만, 개별 회귀계수에 대한 검정결과는 모두 유의하지 않아 3차 모형은 적합하지 않음을 알 수 있다. ❖

연습문제

① 어떤 공정에서 생산되는 제품의 강도가 온도와 압력에 따라 영향을 받는지를 분석하는 실험으로부터 다음과 같은 자료를 얻었다. 온도와 압력을 각각 독립변수 X_1, X_2로 하고, 제품의 강도를 종속변수 Y로 하여 다음 물음에 답하여라.

강도(kg/㎠)	온도(℃)	압력(psi)
81.4	195	57
122.2	179	61
101.7	205	60
175.6	204	62
150.3	201	61
64.8	184	54
92.1	210	58
113.8	209	61

(1) 회귀모형을 $Y=\beta_0+\beta_1X_1+\beta_2X_2+\epsilon$로 가정하여 적합된 회귀식을 추정하여라.

(2) 분산분석표를 작성하고, 이로부터 가정된 회귀모형이 적절한지의 여부를 유의수준 $\alpha=0.05$로 검정하여라.

(3) 결정계수 R^2을 구하여라.

(4) 온도 200℃이고 압력 60 psi일 때 제품의 평균강도는 얼마인지를 예측하여라.

② 어느 의료센타에서는 마취제 투여량과 마취가 풀리는데 걸리는 시간 사이의 관계를 알아보기 위하여 남자와 여자 각 10명씩을 랜덤으로 추출하여 실험한 결과, 다음과 같은 자료를 얻었다. 마취제 투여량을 독립변수 X_1으로, 성별을 X_2로, 그리고 마취가 풀리는 시간을 종속변수 Y로 하여 다음 물음에 답하여라.

남 자		여 자	
투여량(㎎)	시간(분)	투여량(㎎)	시간(분)
1.0	8.0	1.0	6.0
1.5	8.0	1.5	6.5
2.0	8.5	2.0	5.5
2.5	8.0	2.5	7.0
3.0	8.0	3.0	6.5
3.5	10.5	3.5	8.0
4.0	10.0	4.0	8.5
4.5	12.5	4.5	8.5
5.0	15.5	5.0	10.0
5.5	16.0	5.5	10.5

(1) 중선형회귀모형

$$Y = \beta_0 + \beta_1 X_1 + \beta_2 X_2 + \epsilon, \quad \text{여기서 } X_2 = \begin{cases} 0 : & \text{여자} \\ 1 : & \text{남자} \end{cases}$$

을 적합시켜 회귀식을 추정하여라.

(2) 남자 및 여자에 대한 회귀식을 각각 추정하여라.

(3) 중선형회귀모형 $Y = \beta_0 + \beta_1 X_1 + \beta_2 X_2 + \beta_3 X_1 X_2 + \epsilon$을 적합시키고 교호작용 효과에 대한 검정을 유의수준 $\alpha = 0.05$로 실시하여라.

3 다음은 어느 자동차 회사에서 지역별로 자회사 대리점에 한달 동안 방문하는 고객수, 경쟁 대리점의 수, 영업 직원 수 및 국민 소비성향 지수에 따라 월간 매출액을 조사한 결과이다.

매출액(Y)	고객수(X_1)	대리점수(X_2)	직원수(X_3)	소비성향(X_4)
58	29	7	10	5
179	53	5	8	2
142	65	9	11	7
179	48	4	18	2
125	36	5	17	2
157	69	9	19	2
100	28	9	10	7
271	54	2	12	8
139	40	5	6	3
318	71	2	18	6
148	58	8	9	5
65	42	9	14	4
217	48	3	8	5
86	37	7	6	4
134	53	7	6	3

(1) 고객수, 대리점수, 직원수, 소비성향지수들간의 상관계수를 구하여라.

(2) 중선형회귀모형 $Y=\beta_0+\beta_1X_1+\beta_2X_2+\beta_3X_3+\beta_4X_4+\epsilon$ 을 적합시켜 회귀식을 추정하고, 모형의 적절성 여부에 대하여 유의수준 $\alpha=0.05$ 로 검정하여라.

(3) 각 회귀계수에 대한 검정을 통하여 가장 적합한 중선형회귀식을 추정하고, 이때의 결정계수값을 계산하여 축소되기 이전의 결정계수값과 비교하여 보아라.

④ 혈압과 여러 요인들 간의 관련성에 대한 분석을 하기 위하여 랜덤으로 추출된 20명의 고혈압 환자로 부터 다음과 같은 자료를 얻었다.

$Y=$ 평균동맥혈압(mmHg), $X_1=$ 연령, $X_2=$ 체중(kg), $X_3=$ 신체면적(㎠), $X_4=$ 고혈압 이환기간, $X_5=$ 분당 맥박수, $X_6=$ 긴장도

환자	Y	X_1	X_2	X_3	X_4	X_5	X_6
1	155	47	85.4	1.75	5.1	63	33
2	145	49	94.2	2.10	3.8	70	14
3	166	50	95.3	1.98	8.2	72	10
4	157	52	94.7	2.01	5.8	73	99
5	172	51	89.4	1.89	7.0	72	95
6	161	48	99.5	2.25	9.3	71	10
7	151	49	99.8	2.25	2.5	69	42
8	160	47	90.9	1.90	6.2	66	8
9	160	49	89.2	1.83	7.1	69	62
10	154	58	92.7	2.07	5.6	64	35
11	155	54	94.4	2.07	5.3	74	90
12	160	49	94.1	1.98	5.6	71	21
13	144	50	91.6	2.05	10.2	68	47
14	166	55	87.1	1.92	5.6	67	80
15	155	52	101.3	2.19	10.0	76	98
16	144	46	94.5	1.98	7.4	69	95
17	156	48	87.0	1.87	3.6	62	18
18	153	49	94.5	1.90	4.3	70	12
19	150	58	90.5	1.88	9.0	71	99
20	172	56	95.7	2.09	7.0	75	96

(1) 단계별 회귀법을 이용하여 적합한 회귀식을 추정하여라.

(2) 중선형회귀모형 $Y=\beta_0+\beta_1X_1+\ldots+\beta_2X_6+\epsilon$을 주어진 자료에 적합시켜 회귀식을 추정한 후, 추정된 회귀식의 유의성 여부를 유의수준 $\alpha=0.05$로 검정하여라.

4장

로지스틱 회귀분석

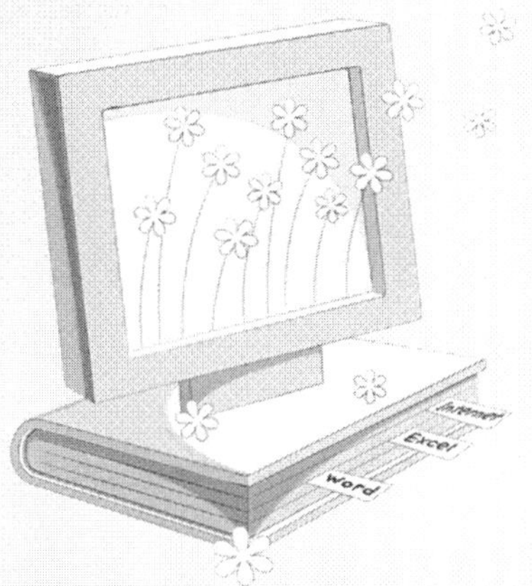

지금까지 설명한 단순 및 중선형회귀분석에서는 종속변수가 연속형이었다. 그러나 어떤 경우에는 종속변수가 두 개의 범주로 이루어진 질적변수일 경우가 있다. 예를 들어 종속변수가 기업의 성공여부를 나타낸다던지 또는 어떤 사람의 입사시험 합격 여부를 나타낼 경우가 바로 이에 해당된다. 이러한 경우에는 정규분포로 가정하는 기존의 회귀모형 $Y=\beta_0+\beta_1 X+\epsilon$을 적용할 수 없다. 왜냐 하면 종속변수 Y가 두 가지 가능한 결과를 나타내는 이항변수이기 때문에 여기서는 Y를 베르누이분포로 가정하는 것이 타당하며, 그리고 Y가 모수 p인 베르누이 분포를 따르게 되면 반응함수 $E(Y)=p$이므로 $p=\beta_0+\beta_1 X$인 관계식이 성립하게 되어 추정되는 회귀식 $\hat{p}=b_0+b_1 X$는 0과 1사이의 값만을 가지게 된다는 문제가 발생하게 된다.

4.1 로지스틱 회귀모형

종속변수가 0과 1의 값을 가지는 질적변수일 경우 회귀분석을 하기 위해서는 반응함수 $E(Y)$ 즉, p를 단순히 $\beta_0+\beta_1 X$로 표현하기 보다는 $\beta_0+\beta_1 X$의 함수 형태로 표현하는 것이 필요하다. 바꾸어 이야기하면 p를 단순히 X의 선형함수로 나타내기 보다는 p의 어떤 함수를 X의 선형함수로 표현한다는 것이다. 이러한 목적을 위하여 다음과 같은 로짓함수(logit function)가 정의되며,

$$logit(p)=\ln\left(\frac{p}{1-p}\right)$$

이때 로짓함수 $logit(p)$는 p와는 달리 $-\infty$부터 ∞까지의 모든 실수값을 가질 수 있게

되고 X와 $logit(p)$간에는 다음과 같은 선형관계를 가지게 된다.

$$logit(p) = \ln\left(\frac{p}{1-p}\right) = \beta_0 + \beta_1 X \qquad (1)$$

이때의 식 (1)을 로지스틱 회귀모형(logistic regression model)이라 하고, 이러한 로지스틱 회귀모형을 주어진 자료에 적합시키는 분석을 로지스틱 회귀분석(logistic regression analysis)이라 한다.[19] 로지스틱 회귀모형은 로짓함수 $logit(p)$에 의하여 확률 p와 독립변수 X간의 관계를 나타내는 모형으로 이것은 다음과 같이 다시 표현할 수 있다. 즉, 식 (1)의 양변에 지수를 취하면

$$\frac{p}{1-p} = \exp(\beta_0 + \beta_1 X)$$

가 되고 이것은 다시

$$p = (1-p) \cdot \exp(\beta_0 + \beta_1 X)$$

$$p \cdot (1 + \exp(\beta_0 + \beta_1 X)) = \exp(\beta_0 + \beta_1 X)$$

가 된다. 따라서 p는

$$p = \frac{\exp(\beta_0 + \beta_1 X)}{1 + \exp(\beta_0 + \beta_1 X)}$$

의 관계가 성립하며, 이 함수를 로지스틱 함수라 한다. 로지스틱 함수는 〈그림 4.1〉과 같이 S자형의 곡선 형태로 나타나게 된다.

---

19) 로지스틱(logistic)이란 독립변수의 선형함수 $\beta_0 + \beta_1 X$가 승산비의 로그함수로 표현됨을 의미한다.

로지스틱 회귀분석은 어떤 사건(event)이 발생하는지 하지 않는지를 예측하는 것이 아니라 그 사건이 발생할 확률을 예측한다. 따라서 예측값은 0과 1사이의 값을 가지게 되고, 일반적인 회귀분석에서 독립변수와 종속변수간의 관계를 선형으로 가정하는데 비하여 로지스틱 회귀분석에서는 S 자형의 모형으로 가정한다.

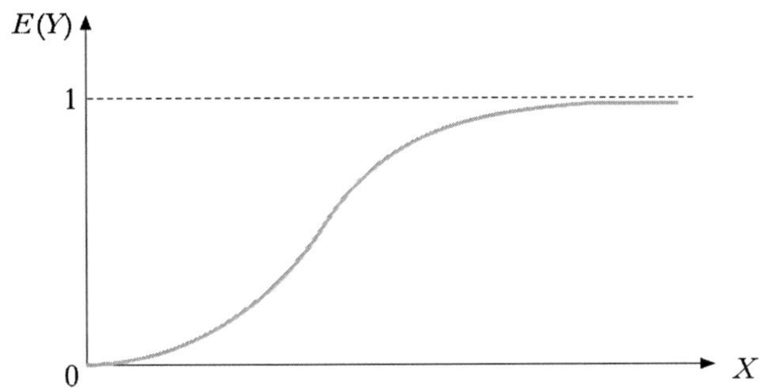

〈그림 4.1〉 로지스틱 함수

[승산비란?]

식 (1)에서 $\frac{p}{1-p}$는 성공할 확률과 실패할 확률의 비로서 이것을 승산비(odds ratio)라 한다. 예를 들어 x_1에서 승산비의 값이 2이면 독립변수 X가 x_1값을 가질 때 성공할 확률이 실패할 확률의 2배가 된다는 것을 의미한다. 그리고 기울기 β_1은 X가 1단위 증가할 때 발생하는 승산비의 로그값의 변화량을 나타낸다.

4.2 회귀계수의 추정

로지스틱 회귀분석은 선형회귀분석과 마찬가지로 종속변수와 독립변수들 사이의 관계를 설명하고 주어진 독립변수의 수준에서 종속변수의 값 즉, 사건이 발생할 확률을 예측하는 데 사용되어진다. 그리고 회귀계수의 추정은 선형회귀분석에서와 같이 최소제곱법을 이용하여 이루어지는 것이 아니라 최대우도추정법(maximum likelihood method) 즉, 관측값들이 가정된 모집단에서 추출될 가능성이 가장 크게 되도록 하는 모수값을 구하는 방법을 사용하여 이루어진다.

관측값을 $(x_1, y_1), (x_2, y_2), \cdots, (x_n, y_n)$이라 하고 $X = x_i (i=1, 2, \cdots, n)$에서의 성공률을

$$p_i = \frac{\exp(\beta_0 + \beta_1 x_i)}{1 + \exp(\beta_0 + \beta_1 x_i)}$$

라고 할 때 우도함수(likelihood function)는 다음과 같게 된다.

$$L(\beta_0, \beta_1) = p_1^{y_1}(1-p_1)^{1-y_1} \cdot p_2^{y_2}(1-p_2)^{1-y_2} \cdots p_n^{y_1}(1-p_n)^{1-y_n}$$

$$= \frac{\exp(\beta_0 \sum y_i + \beta_1 \sum x_i y_i)}{\Pi[1 + \exp(\beta_0 + \beta_1 x_i)]}$$

이를 최대화하기 위하여 로그 우도함수를 β_0와 β_1에 대하여 편미분하면

$$\frac{\partial \ln L(\beta_{0,} \beta_1)}{\partial \beta_0} = \sum y_i - \sum \frac{\exp(\beta_0 + \beta_1 x_i)}{[1 + \exp(\beta_0 + \beta_1 x_i]}$$

$$\frac{\partial \ln L(\beta_0, \beta_1)}{\partial \beta_1} = \sum x_i y_i - \sum x_i \frac{\exp(\beta_0 + \beta_1 x_i)}{[1 + \exp(\beta_0 + \beta_1 x_i]}$$

두 식을 0으로 놓으면 다음과 같은 정규방정식을 얻게 된다.

$$\sum y_i = \sum \frac{\exp(\beta_0 + \beta_1 x_i)}{[1 + \exp(\beta_0 + \beta_1 x_i]} = \sum p_i$$

$$\sum x_i y_i = \sum x_i \frac{\exp(\beta_0 + \beta_1 x_i)}{[1 + \exp(\beta_0 + \beta_1 x_i]} = \sum x_i p_i$$

정규방정식으로부터 회귀계수 β_0와 β_1의 추정값은 뉴톤-라프슨(Newton-Rapson) 방법을 이용하여 구할수 있다.

[k개의 독립변수를 포함할 경우의 로지스틱 회귀식]

$logit(p)$를 k개의 독립변수 X, X_2, $\cdots$, X_k의 함수로 모형화한 것을 다중 로지스틱 회귀모형(multiple logistic regression model)이라 하며, 다음과 같이 표현한다.

$$logit(p) = \ln\left(\frac{p}{1-p}\right) = \beta_0 + \beta_1 X + \cdots + \beta_k X_k$$

4.3 회귀계수에 대한 추론

로지스틱 회귀모형에 대한 귀무가설은 $H_0 : \beta_i = 0$이고 성공확률은 독립변수 X와 독립임을 가정한다. 회귀계수 β_i에 대한 유의성 검정을 하기 위한 검정통계량으로는

$$Z = \frac{b_i - \beta_i}{\sqrt{V(b_i)}}$$

가 사용되며, 이때 통계량 Z는 $\beta_i = 0$일 경우에 표준정규분포 $N(0,\ 1)$을 따른다.

[회귀계수 β_i의 검정]

- 가설 : $H_0 : \beta_i = 0,\quad H_1 : \beta_i \neq 0$
- 검정통계량 : $Z = \dfrac{b_i - \beta_i}{\sqrt{V(b_i)}}$
- 계산된 검정통계량의 값을 z_0라고 할 때 주어진 유의수준 α에서

  $|z_0| \geq z_{\alpha/2}$ 또는 P−값$= P(|Z| \geq z_0) < \alpha$이면, $\boldsymbol{H_0}$를 기각

  그렇지 않으면 $\boldsymbol{H_0}$를 채택

실습 4.1 자동차 학원에서의 교육시간 X(단위 : 일)와 자동차 운진면허시험 합격여부 Y(합격=1, 불합격=2)간의 관계를 조사하기 위한 연구에서 〈표 4.1〉과 같은 자료를 얻었다. 교육기간(X)과 합격할 확률(p)간의 관계를 로지스틱 모형 $p = e^{\beta_0 + \beta_1 X} / (1 + e^{\beta_0 + \beta_1 X})$로 적합시킨다고 할 때 주어진 자료에 적합한 모형을 추정해 보도록 하자

(단, 자료는 파일 driving.csv에 저장되어 있음).

〈표 4.1〉 교육시간과 운전면허시험 합격 여부

X	Y	X	Y	X	Y
14	0	6	0	24	0
29	0	30	1	13	1
6	0	11	0	19	0
25	1	30	1	4	0
18	1	5	0	28	1
4	0	20	1	22	1
18	0	13	0	8	1
12	0	9	0		
22	1	32	1		

(R 코드 : 회귀계수의 추정)

```
> drive = read.csv("driving.csv", header=T)
> res = glm(y~x, family=binomial, data=drive)
> summary(res)
Coefficients:
             Estimate Std. Error z value Pr(>|z|)
(Intercept)  -3.05970    1.25935  -2.430   0.0151 *
교육시간      0.16149    0.06498   2.485   0.0129 *
```

(R 코드 설명)

○ 파일 driving.csv를 read.csv 함수를 이용하여 데이터 프레임 drive로 읽어 들인다. 여기서 read.csv 함수의 첫 번째 인자 driving.csv는 파일명이고, 두 번째 인자

header=T는 첫 행을 변수명으로 읽어 들이기 위한 명령어이다.[20]

- 로지스틱 회귀분석을 하기 위한 R 함수는 glm이다. glm 함수는 종속변수가 연속형(정규분포), 이산형(푸아송분포), 이항형(이항분포)일 경우의 회귀분석에서 사용되는 함수이며, 종속변수가 연속형인 경우는 lm 함수와 동일한 결과가 출력된다.
- glm 함수는 "glm(model, family=분포, data=데이터프레임)"과 같은 형태로 사용되며 여기서 model는 회귀모형 형식이고, 분포에서 종속변수가 이항형일 경우는 binomial, 연속형일 경우에는 gaussian, 이산형일 경우에는 poisson을 입력하며, data에는 회귀분석에 사용될 데이터 프레임명을 입력한다.

(결과 해석) β_0와 β_1의 추정값이 $b_0 = -3.060$, $b_1 = 0.161$이므로, 추정된 회귀식은 다음과 같게 된다.

$$\ln\left(\frac{p}{1-p}\right) = -3.060 + 0.161X$$

여기서 $b_1 = 0.161$의 의미는 X가 1단위 증가함(즉, 교육시간이 1일 늘어나면)에 따라 면허시험에 합격할 승산비의 로그값은 0.161 증가함을 뜻한다.
예를 들어, 교육기간이 25일인 사람이 면허시험에 합격할 확률은 추정된 회귀식에 $x = 25$를 대입하면 된다. 즉,

$$\ln\left(\frac{\hat{p}}{1-\hat{p}}\right) = -3.060 + (0.161) \times (25) = 0.965$$

이고, 여기서 양변에 지수를 취한 후 $\hat{p}$에 대하여 풀면 $\hat{p} = 0.724$가 된다. 만약 $x = 30$이

20) 파일을 읽어 들이기 위해서는 현재 R 프로그램이 실행 중인 폴더에 읽어 들이고자 하는 파일이 반드시 있어야 한다.

라면 $\hat{p}=0.854$가 된다. 교육기간 X의 변화에 따른 합격률 $\hat{p}$ 간의 관계를 그림으로 나타내면 〈그림 4.2〉의 (a)와 같다. 〈그림 4.2〉에서 (a)는 X와 $\hat{p}$의 관계가 S자형임을, (b)는 X와 $\log(\hat{p}/(1-\hat{p}))$의 관계가 선형임을 보여주고 있다.

(R 코드 : 〈그림 4.2〉의 출력)

```
>par(mfrow=c(1,2))
>phat = exp(-3.0597+0.16149*drive$x)
/ (1 + exp(-3.0597+0.16149*drive$x))
>plot(drive$x, phat, main="로지스틱 회귀모형", xlab="교육시간")
>logit = log(phat/(1-phat))
>plot(drive$x, logit, main="로지스틱 회귀모형", xlab="교육시간")
```

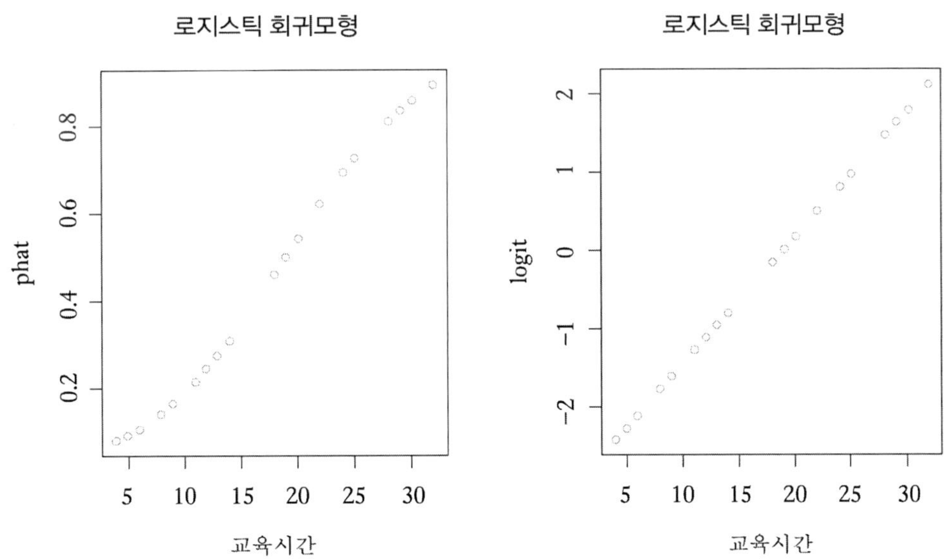

(a) 교육시간과 $\hat{p}$ (b) 교육시간과 $\log(\hat{p}/(1-\hat{p}))$

〈그림 4.2〉 로지스틱 회귀모형

연습문제

① 구매력에 미치는 쿠폰의 효과를 조사하기 위하여 할인 가격을 5, 10, 15, 20, 30 (천원) 등 5가지 유형으로 제작한 쿠폰을 유형별로 200가구에 각각 발송하였다. 6개월 후에 쿠폰을 사용하여 물건을 구입한 현황을 조사한 결과가 다음과 같다고 할 때 할인 쿠폰을 독립변수 X, 구매율 p를 로지스틱 함수로 가정하여 적합시켜라.

할인 (X)쿠폰	우송 가구수(n_j)	사용 쿠폰수(r_j)	사용 비율$(\overline{p_j})$	변환 비율$(\overline{p_j}^*)$
5	200	32	0.160	−1.6582
10	200	51	0.255	−1.0721
15	200	70	0.350	−0.6190
20	200	103	0.515	0.0600
30	200	148	0.740	1.0460

② 유아에 대한 수유방법과 기관지염에 걸릴 가능성에 대한 연구에서 아래와 같은 자료를 얻었다고 하자.[21] (자료는 성별에 따른 기관지염의 발병 유무로 '발병인원 / 비발병인원'의 수를 나타낸 것임) 아래 자료는 라이브러리 'faraway'에 'babyfood' 이란 이름으로 저장되어 있다고 가정한 후, 로지스틱 회귀모형을 적합시켜 분석하여라(아래의 R 코드 참고).

[21] Payne, C. (1987). *The GLIM System Release 3.77 Manual*(2ed.). Oxford:Numerical Algorithms Group.

(disease / nondisease)

성별(sex)	젖병으로 수유 (Bottle)	젖병과 모유 수유 (Suppl)	모유 수유 (Breast)
남자	77 / 458	19 / 147	47 / 494
여자	48 / 384	16 / 127	31 / 464

(R 코드 : 참고)

```
>library(faraway)
>data(baryfood)
>result = glm(cbind(disease, nondisease)~sex + food, family=binomial, babyfood)
>summary(result)
```

찾아보기(국문)

| ㄱ |

| ㄴ |

| ㄷ |

| ㄹ |

| ㅁ |

| ㅂ |

| ㅅ |

찾아보기(영문)

저자약력

배 현 웅

육군사관학교 졸업(이학사)
고려대학교 대학원 졸업(통계학 석사)
미 아이오와 대학교 대학원 졸업(통계학 박사)
현재 육군사관학교 수학과 교수

문 호 석

육군사관학교 졸업(이학사)
고려대학교 대학원 졸업(전자공학 석사)
고려대학교 대학원 졸업(산업공학 박사)
고려대학교 대학원 졸업(통계학 박사)
현재 육군사관학교 전자정보학과 교수

R 통계학 총서 ②
(개정판) R과 함께하는 상관 및 회귀분석

개정판발행 2019년 11월 25일
지은이 배현웅·문호석
펴낸이 오판근
펴낸곳 (주) 교우
주 소 서울시 동대문구 약령시로 8 교우빌딩 2층 (주)교우
전 화 02-925-2861 / **팩 스** 02-925-2860, **편집부** 02-925-2825
홈페이지&북스토어 www.kyowoo.co.kr / 이메일 kyowoo@kyowoo.co.kr
등 록 1994년 3월 24일 제1994-000013호
ISBN 978-89-8172-840-3(94310) 978-89-8172-826-7(세트)

Published by Kyowoo Co., Ltd. Printed in Korea